Inhaltsverzeichnis

Zimmerschmuck

Seite

Das Einstellen von Blumen als Tischschmuck 1
Richtig behandelte Schnittblumen bereiten länger Freude 2
Der Biedermeierstrauß 3
Der rund gebundene „Verschenk"-Strauß 5
Der einseitig gebundene Strauß als Nikolausstrauß 7
Das dekorative Blumengesteck 9
Das vegetative Blumengesteck 10
Das Trocknen von Blumen und Pflanzenteilen 11
Ein Hut, der alles schmückt 12
Gesteckte Trockenblumenkränze, -kugeln, -herzen 13
Trockenblumenbäumchen 14
Ein Osternest zum Aufhängen 15
Osterschmuck 16
Vorgetriebene Blumenzwiebeln erfreuen uns im Winter 17
Barbarazweige blühen im Winter 19
Das Andrahten verschiedener Gegenstände 21
Material zur Herstellung eines Adventsgesteckes 23
Grundsätze zur Gestaltung eines Adventsgesteckes 24
Ein Adventsgesteck bringt Licht und Wärme ins Haus 25
Ein selbst gebundener Kranz schmückt unser Haus 27

Zimmerpflanzen

Die Ansprüche der Zimmerpflanzen 29
Die Pflege der Zimmerpflanzen 31
Mit dem richtigen Standort fängt die Pflege an 32
Das Gießen der Zimmerpflanzen 33
Verschiedene Möglichkeiten der Wasserversorgung 34
Erste Hilfe für kranke Zimmerpflanzen 35
Rezepte zur Bekämpfung der Schädlinge an Zimmerpflanzen 37
Krankheiten der Zimmerpflanzen 39
Das Umtopfen der Zimmerpflanzen 41
Die Vermehrung von Zimmerpflanzen durch Kopfstecklinge 43
Die Vermehrung von Zimmerpflanzen durch Stecklinge 44
Vermehrung durch Kindel 45
Andere Vermehrungsmöglichkeiten der Zimmerpflanzen 46
Hydrokultur – Pflanzen leben ohne Erde 47
Die Anlage eines Flaschengartens 49
Die Bepflanzung eines Flaschengartens 51

Wohngarten – Terrasse – Balkon

Einjährige Sommerblumen ohne Vorkultur 53
Einjährige Sommerblumen mit Vorkultur 54
Einjährige Sommerblumen als Sichtschutz 55
Zweijährige Sommerblumen 57

Verlag Handwerk und Technik G.m.b.H., Lademannbogen 135, 22339 Hamburg; Postfach 63 05 00, 22331 Hamburg – 2009 · E-Mail: info@handwerk-technik.de Internet: www.handwerk-technik.de

Stauden 59
Anlage eines Staudenbeetes 61
Die Pflege des Staudenbeetes 62
Rosa, die Königin der Blumen 63
Das Pflanzen von Rosen 63
Die Pfllege der Rosen 64
Das Schneiden der Rosen 65
Frostschutz für Rosen 67
Ziersträucher sind nicht nur zur Zierde da 69
Ziersträucher als freiwachsende Hecke 69
Das Pflanzen von Sträuchern 70
Zwiebel- und Knollenblumen kündigen den Frühling an 71
Das Pflanzen von Blumenzwiebeln 72
Bepflanzte Kästen und Schalen verzieren Balkon und Terrasse 73

Nutz- und Gemüsegarten
Die Kastenaussaat 75
Das Pikieren von Kastenaussaaten 77
Herbstarbeiten im Wohngarten, auf Balkon und Terrasse 78
Grundregeln zum Aussäen 79
Das Aussäen von Gemüse 80
Grundsätze zum Pflanzen 81
Die richtige Pflanztiefe 82
Ein Erdbeerbeet bringt leckere Früchte 83
Das Pflanzen von Erdbeeren 86
Die Kultur von Tomaten 87
Die Kultur von Kohlrabi 89
Das Pflanzen von Porree und Sellerie 90
Frische Kräuter aus unserem Garten 91
Eine Kräuterspirale bietet jedem Kraut den passenden Lebensraum 93
Das Schneiden von Beerensträuchern 95
Herbstarbeiten im Nutzgarten 97
Das Ernten von Obst und Gemüse 98
Das Einlagern von Obst und Gemüse 99
Kompost – sinnvolle Abfallverwertung 101
Das Aufsetzen eines Komposthaufens 102
Mulchen – gut für Boden, Pflanze und Mensch 103
Gründüngung macht müde Böden munter 105
Anwendung des Gründüngers 106
Mischkulturen für gesunden Boden und gesunde Pflanzen 107
Erprobte Mischkulturen 108
Fruchtwechsel bringt gute Erträge 109
Die wichtigsten Gartengeräte 111
Die Pflege und Aufbewahrung der Gartengeräte 114

Name:	Klasse:

Das Einstellen von Blumen als Tischschmuck

Aufgabe: Ergänzen Sie den Text und die Zeichnungen.

1. Arbeitsmittel bereitstellen: ____________ ____________ ____________ ____________ ____________ ____________ ____________ ____________

2. Arbeitsplatz aufbauen:

3. Blumen einstellen:

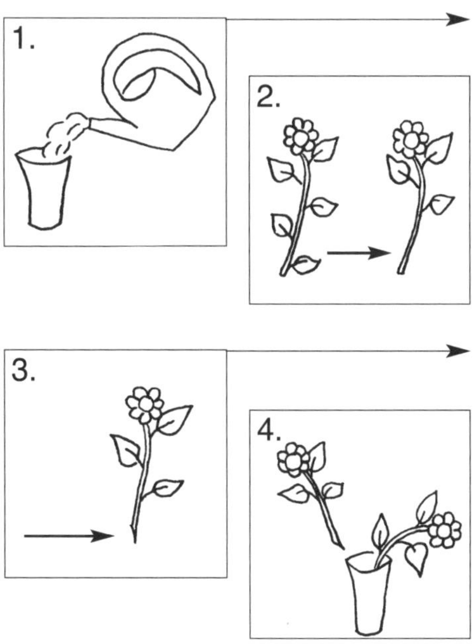

1. ______________________________

2. ______________________________

3. ______________________________

4. ______________________________

(von außen nach innen)

Grundregeln

- Blumen und Vase sollen in Farbe, Form und Material harmonieren.
- Alle Blüten sollen sichtbar sein.
- Blumen in unterschiedlichen Längen einstellen.
- Der Strauß sollte ca. 2-mal so hoch wie die Vase sein.
- Zwischen Blumen und Vase sollte eine Verbindung bestehen.

Verlag Handwerk und Technik G.m.b.H., Lademannbogen 135, 22339 Hamburg; Postfach 63 05 00, 22331 Hamburg – 2009 · E-Mail: info@handwerk-technik.de Internet: www.handwerk-technik.de

Name:	Klasse:

Richtig behandelte Schnittblumen bereiten länger Freude

Behandlung	**Aufgabe:** Begründen Sie.
1. Temperiertes Wasser in die Vase geben.	1.
2. Als Frischhaltemittel sind geeignet: etwas Zucker und Essig oder Mineralwasser.	2.
3. Alle ins Wasser eintauchenden Blätter entfernen.	3.
4. Einige Blätter und überflüssige Knospen außerdem wegnehmen.	4.
5. Stielenden lang und schräg anschneiden.	5.
6. Die Stielenden von Milchsaft ausscheidenden Blumen (z. B. Mohn) einige Sekunden in eine Flamme oder in kochendes Wasser halten.	6. Der Milchsaft gerinnt. Die Blumen bluten nicht aus.
7. Verholzte Stängel mit einer Gartenschere aufspalten.	7. Sonst werden die Leitgefäße zerquetscht.
8. Vasen, Steckschalen und Hilfsmittel nach jedem Gebrauch gründlich reinigen.	8.

Name:	Klasse:

Der Biedermeierstrauß

Aufgabe: Beschreiben Sie die Arbeitsschritte.

1.

1. Arbeitsmittel bereitlegen, Arbeitsplatz einrichten, Blumen und Gräser vorbereiten.

2.

2.

Die linke Hand hält die Blumen, die rechte Hand reicht zu.

3.

3.

4.

4.

Verlag Handwerk und Technik G.m.b.H., Lademannbogen 135, 22339 Hamburg; Postfach 63 05 00, 22331 Hamburg – 2009 · E-Mail: info@handwerk-technik.de Internet: www.handwerk-technik.de

Name:	Klasse:

5.

5.

Haltestelle = Bindestelle. Den Bindedraht oder -bast genau an die Stelle ziehen, an der der Strauß von Zeigefinger und Daumen gehalten wird.

Die Bindestelle soll am Stiel herunterlaufen.

6.

6.

7.

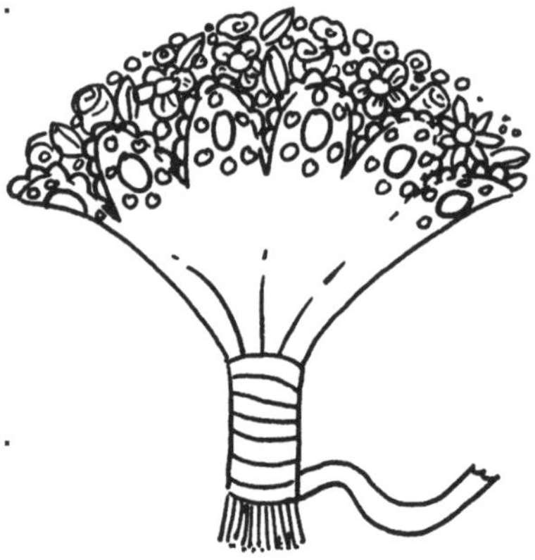

8.

7.

8.

9.

Der Biedermeierstrauß kann hergestellt werden z. B. aus:

Name: | Klasse:

Der rund gebundene „Verschenk“-Strauß

Aufgabe 1: Beschreiben Sie das Binden eines runden Straußes.

1.

1. ______________________________

____

____

Handhaltung:
Zeige- und Mittelfinger: hinter den Strauß,
Ring- und kleiner Finger: vor den Strauß.
Der Daumen drückt die Stängel an.

2.

2. ______________________________

____

____

3.
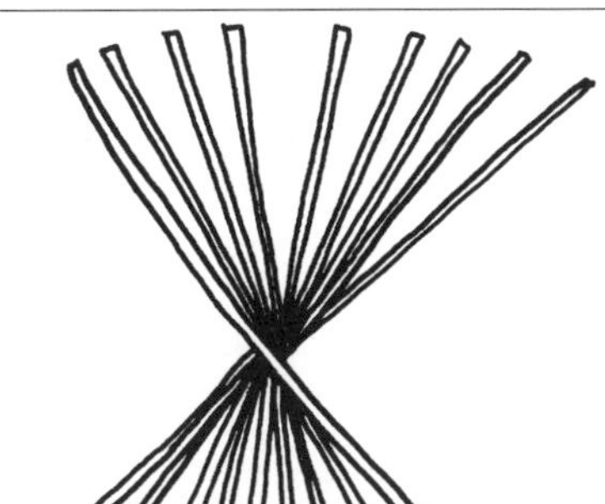

3. Weitere Blumen mikadoförmig anlegen bzw. einstecken.
Wird die Haltestelle weiter nach oben verlegt, so wird der Strauß dichter und schmaler. Zieht man sie herunter, so fällt der Strauß locker auseinander.

4.

4. ______________________________

____

____

Name:	Klasse:

5.

5. ______________________________

____

____

6.

6. ______________________________

____

____

7. Stielenden schräg anschneiden.

Aufgabe 2: Geben Sie an, was Sie beim Binden eines Straußes beachten müssen.

- Die Bindestelle soll ____________ und ____________ sein.
- Der Strauß muss ______________________ , wenn man ihn an einem Stiel festhält.
- Die Stiele sollen ______________________ liegen.
- In der Bindestelle darf kein ______________________ sein.
- Unter der Bindestelle dürfen keine ______________ und ______________ sein.
- Die Stiele sollen ______________ angeschnitten sein.

Name:	Klasse:

Der einseitig gebundene Strauß als Nikolausstrauß

Aufgabe: Vervollständigen Sie den Text.

Ein einseitig gebundener Strauß wird verwendet als:

____

____

____

Zur Herstellung eines Nikolausstraußes werden folgende Arbeitsmittel verwendet:

____

____

____

____

Der Nikolausstrauß wird folgendermaßen hergestellt:

2.

3.

4.

1. Bindegrün ______________________________.

2. Zweige zum ______________________ legen.

3. Grundform mit anderen ________________ ausschmücken.

4. Strauß mit ____________ am Haltepunkt zusammenbinden.

   Beachte: ______________________________.

Name:	Klasse:

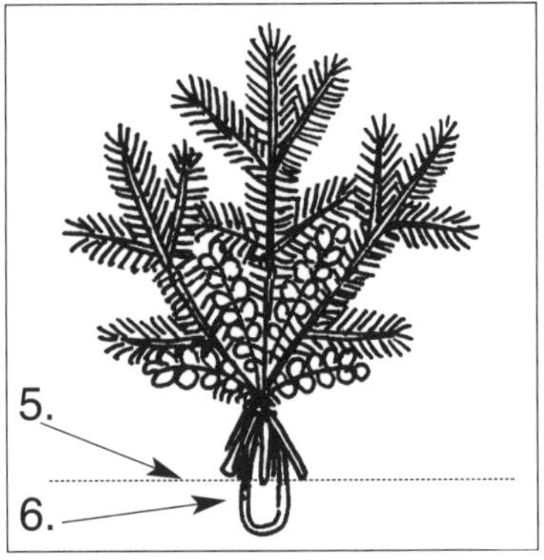

5. Stielenden ______________________________ .

6. Aufhängeschlaufe __________________________ .

7.

7. Schleife ______________ und an der Bindestelle

____ .

8.

8. ______________ andrahten und den Strauß dekorieren.

Name:	Klasse:

Das dekorative Blumengesteck

Aufgabe: Ergänzen Sie den Text und die Zeichnungen.

Zeichnung	Arbeitsweise	Beachte
1. 	1. – Arbeitsmittel bereitstellen. – Arbeitsplatz einrichten. __________ __________ Bei Steckmoos ca. 1 cm Freiraum für Wasser lassen.	
2. 	2. __________ __________ __________	Größe beachten: Blume 1 = Höhe + ø der Schale Blume 2 = die Hälfte davon Blume 3 = ein Viertel davon
3. 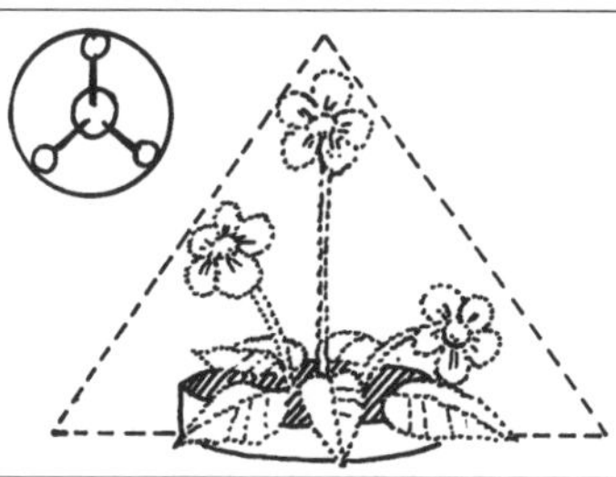	3. __________ __________ __________	Alle Blüten in __________ Höhen, aber zu __________ einstecken.
4. 	4. Das Gesteck mit Blumen __________ . Das Gesteck dabei __________ .	Gesteck nicht überladen. Helle, zarte Blüten nach __________ , dunkle, große Blüten nach __________ stecken.
5. 	5. Lücken __________ .	Beiwerk passend zum Gesteck auswählen. Verbindung zum Rand der Steckschale schaffen.
6. 	6. __________	

Name:	Klasse:

Das vegetative Blumengesteck

Aufgabe 1: Geben Sie Unterschiede zum dekorativen Gesteck an.

____

____

____

Aufgabe 2: Ergänzen Sie den Text.

Zeichnung	Arbeitsweise	Beachte
1. 	1. __________ bereitlegen, __________ einrichten, __________ vorbereiten, __________ befestigen.	Seite 9 __________ Materialien
2. 	2. Steckmasse __________.	z. B. mit __________ __________
3. 	3. Kurze Blumen wie __________ gewachsen in die Basis hineinstecken.	
4. 	4. Mittelpunkt aus __________ gestalten.	Wuchsmittelpunkt!
5. 	5. __________ und __________ dazustecken.	__________
6. 	6. __________ gestalten.	z. B. mit __________ __________ __________

Name:	Klasse:

Das Trocknen von Blumen und Pflanzenteilen

Aufgabe: Vervollständigen Sie den Text.

Zum Trocknen sind geeignet:

Blüten, z. B. ____________________
Gräser, z. B. ____________________
Samenkapseln, z. B. ____________________
Fruchtstände, z. B. ____________________
Zapfen, z. B. ____________________
Außerdem, z. B. ____________________

Das Trocknen von Blumen und Gräsern an der Luft:

1. Die Blumen und Gräser an einem __________ Tag pflücken. Beides, kurz bevor sie ______ aufgeblüht sind, schneiden. Getreide ernten, wenn die Halme sich ______ verfärben.
2. Alle __________ Blätter entfernen.
3. Kleine __________ zusammenlegen.
4. Stiele __________ schneiden.
5. Sträuße mit einem __________ zusammenbinden.
6. Sträuße mit den Blüten nach __________ an einem __________ und ______ Ort aufhängen, z. B. ____________________

____

Das Trocknen von Pflanzenteilen:

z. B. Kiefernzapfen ____________________

____

____

____

____

____

____

Beispiele für die Verwendung der Trockenmaterialien:

__________ __________

__________ __________

__________ __________

__________ __________

Verlag Handwerk und Technik G.m.b.H., Lademannbogen 135, 22339 Hamburg; Postfach 63 05 00, 22331 Hamburg – 2009 · E-Mail: info@handwerk-technik.de
Internet: www.handwerk-technik.de

Name:	Klasse:

Ein Hut, der alles schmückt

Aufgabe 1: Geben Sie die benötigten Arbeitsmittel und Geräte an.

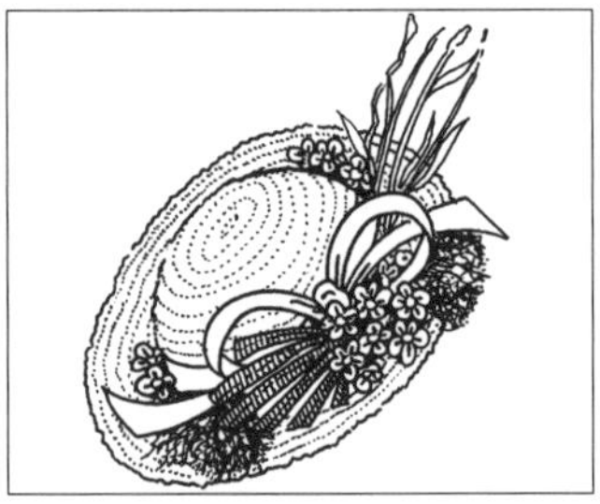

Aufgabe 2: Beschreiben Sie das Verzieren des Hutes
und zeichnen Sie die Arbeitsschritte farbig ein.

Zeichnung	Arbeitsweise	Beachte
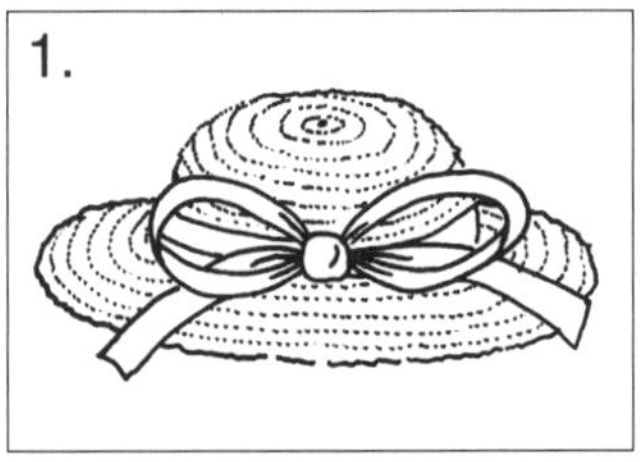	1.	Kleber sparsam verwenden,
	2.	Gräser in kleinen Büscheln auflegen,
	3.	wenig Kleber, gut andrücken,
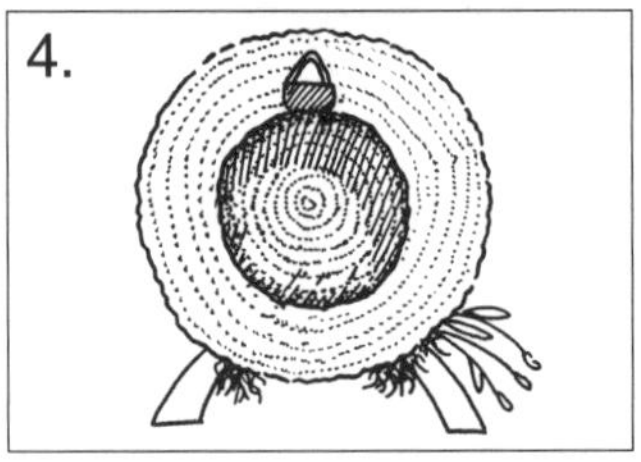	4.	genau in der Mitte des Hutrandes, möglichst von rechts nicht sichtbar.

Aufgabe 3: Geben Sie an, wen oder was dieser Hut schmücken kann.

Name:	Klasse:

Gesteckte Trockenblumenkränze, -kugeln, -herzen

Aufgabe: Beschreiben Sie die Arbeitsschritte am Beispiel eines Kranzes.

1.

Zur Herstellung eines Trockenblumenkranzes benötigt man:

1. ______________________________

2.

2. ______________________________

3.

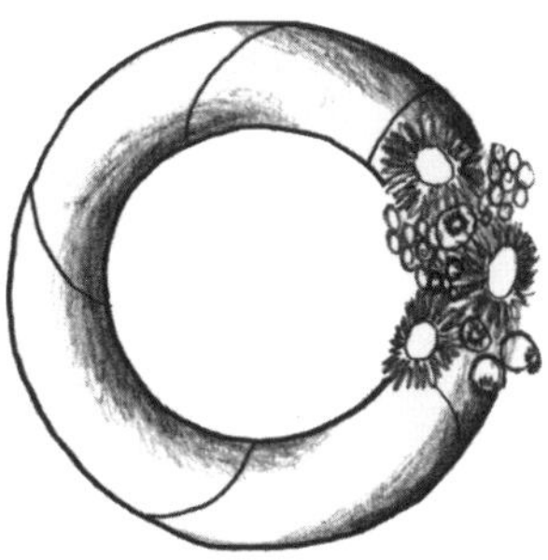

3. ______________________________

4.

4. ______________________________

5.

5. ______________________________

Verlag Handwerk und Technik G.m.b.H., Lademannbogen 135, 22339 Hamburg; Postfach 63 05 00, 22331 Hamburg – 2009 · E-Mail: info@handwerk-technik.de Internet: www.handwerk-technik.de

Name:	Klasse:

Trockenblumenbäumchen

Aufgabe: Beschreiben Sie die Herstellung eines Bäumchens.

1.

Zur Herstellung eines Bäumchens benötigt man:

1. ______

2.

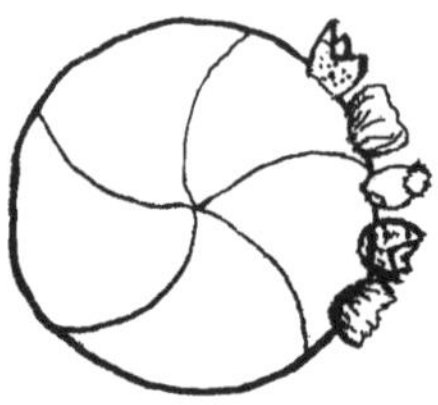

2. Kugel einteilen.

3.

3. ______

4.

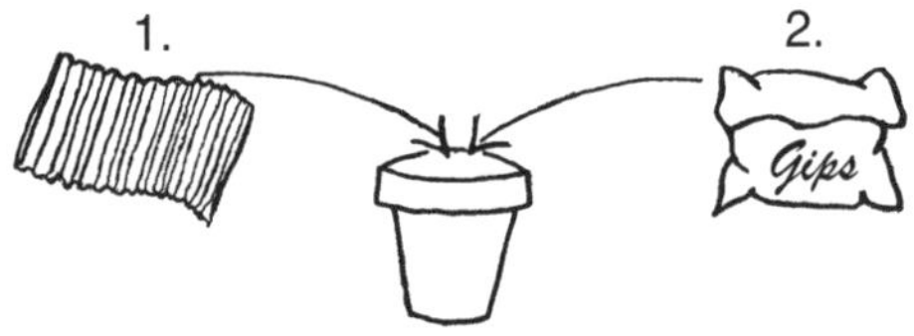

4. ______

5.

5. ______

6. ______

Name: | Klasse:

Ein Osternest zum Aufhängen

Aufgabe 1: Setzen Sie die Beispiele für die Materialien ein.

Zur Herstellung werden benötigt:
- biegsame Zweige, z. B. von ______________________.
- Material zur Gestaltung der „Landschaft“, z. B. ______________________.
- Osterschmuck, z. B. ______________________,
  Bindedraht, Kombizange, Gartenschere, Klebepistole, Kleber, Schleifenband oder Samtband, Schere.

Aufgabe 2: Beschreiben Sie die Herstellung.

1.

1. ______________________

2.

2. ______________________

3.
4.

3. ______________________

4. ______________________

5.

5. ______________________

Beachte: ______________________

Verlag Handwerk und Technik G.m.b.H., Lademannbogen 135, 22339 Hamburg; Postfach 63 05 00, 22331 Hamburg – 2009 · E-Mail: info@handwerk-technik.de Internet: www.handwerk-technik.de

Name:	Klasse:

Osterschmuck

Ostergras

Aufgabe: Ergänzen Sie geeignete Gefäße, Saatgut und Dekorationsmaterial.

1. Als *Aussaatgefäße* eignen sich z. B.: flache Schalen, ______________________ .
2. Als *Saatgut* ist geeignet: Weizen, ______________________ .
3. *Durchführung* siehe Kastenaussaat Seite 75.
4. Zum *Dekorieren* eignen sich z. B.: bemalte Eier, ______________________ .

Osterkranz

Aufgabe: Geben Sie Beispiele zur Dekoration an.

1. *Material:* Steckring, Moos, kleine Drahthaften
   Dekoration, z. B.: ______________________ .
2. *Durchführung:* siehe „Gesteckte Trockenblumenkränze“, Seite 13.

2.1 Steckring mit gesäubertem Moos bestecken.

2.2 Mooskranz dekorieren.

Name: | Klasse:

Vorgetriebene Blumenzwiebeln erfreuen uns im Winter

Damit man sich in der blütenarmen Winterzeit an blühenden Frühlingsboten erfreuen kann, muss man sie schon im Herbst vortreiben.

Zum Vortreiben sind z. B. geeignet: ______________________________

Aufgabe: Ergänzen Sie den Text und malen Sie die Zeichnungen farbig an.

1.

1. ______________________________
____

2.

2. ______________________________
____

3.

3. ______________________________
____

4.

4. ______________________________
____

5.

5. ______________________________
____

6. Die eingesetzte Blumenzwiebel in einen kühlen, frostfreien Raum, z. B. ______________________ stellen. Regelmäßig gießen.

Verlag Handwerk und Technik G.m.b.H., Lademannbogen 135, 22339 Hamburg; Postfach 63 05 00, 22331 Hamburg – 2009 · E-Mail: info@handwerk-technik.de Internet: www.handwerk-technik.de

Name:	Klasse:

7.

7. Nach 2 – 3 Monaten hat sich ein ca. 5 cm langer ____________ gebildet.
Nun wird der Topf in einen mäßig ______________ Raum gestellt.

8.

8. Der Trieb muss mit einem ______________ abgedeckt werden, damit die ___________ nicht in den Blättern stecken bleibt.

9.

9. Hebt der Trieb das Hütchen __________, so kann es abgenommen werden.

10. Ist die Blume verblüht, kann sie im Frühjahr in den ________________ gepflanzt werden.

Ein Hyazinthenhütchen basteln

Dazu benötigt man: 1 Stück Bastelfolie, ca. 15 x 15 cm, Klebstoff, Schere, Papier, Bleistift.

1. Übertragen Sie die Schablone für das Hütchen von diesem Blatt auf einen Bogen Papier.

2. Schneiden Sie die Schablone aus.

3. Legen Sie die Schablone auf die Bastelfolie und schneiden Sie das Hütchen zu.

4. Bestreichen Sie eine gerade Kante der Folie dünn mit Klebstoff und fügen Sie sie von der Spitze her zusammen.

Name:	Klasse:

Barbarazweige blühen im Winter

Aufgabe: Beschreiben Sie das Treiben von Barbarazweigen.

1.

1. ______________________________

____

2.

2. Zum Treiben sind z. B. geeignet:

____

____

____

3.

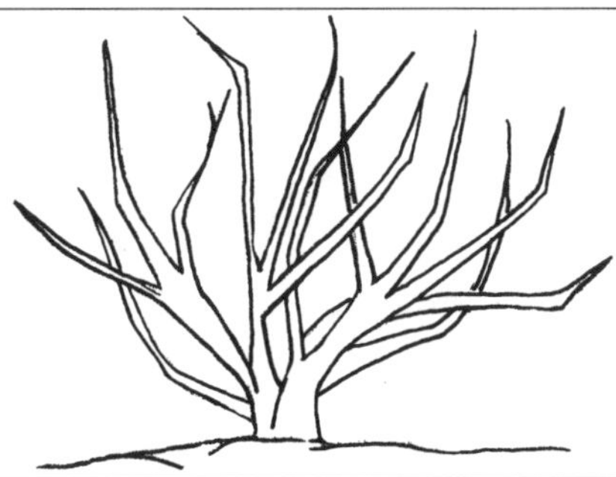

3. Beim Schneiden der Zweige darauf achten, dass

____

____

____

4.

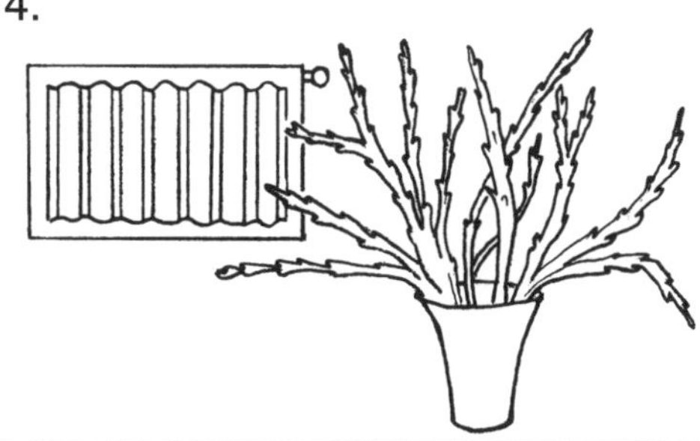

4. ______________________________

____

____

5.

5. ______________________________

____

Verlag Handwerk und Technik G.m.b.H., Lademannbogen 135, 22339 Hamburg; Postfach 63 05 00, 22331 Hamburg – 2009 · E-Mail: info@handwerk-technik.de Internet: www.handwerk-technik.de

Name:	Klasse:

Das Andrahten verschiedener Gegenstände

Aufgabe 1: Bennenen Sie die Gegenstände.

Aufgabe 2: Zeichnen Sie den Draht farbig ein.

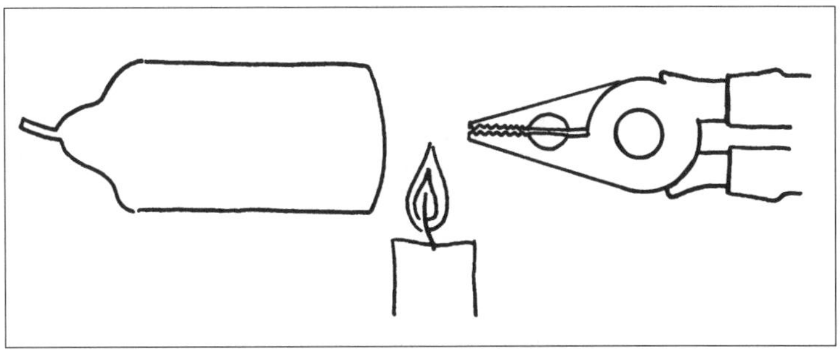

- Starken Draht in ca. 4 cm lange Stücke schneiden.
- Ende erhitzen.
- Ende in den Kerzenboden stecken.
- Je nach Kerzenstärke 2 bis 4 Drahtstücke verwenden.

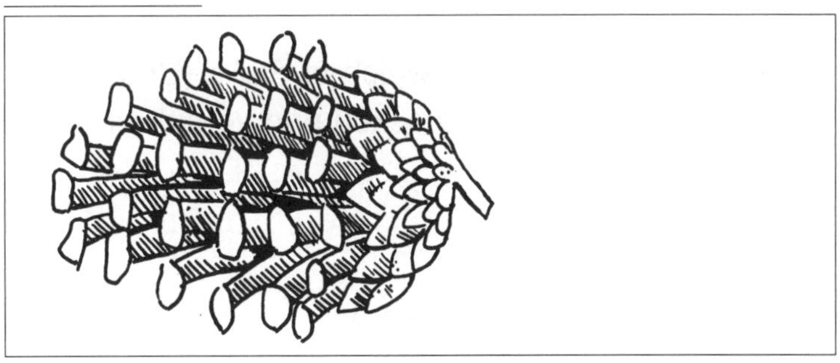

- Draht um den unteren Schuppenkranz biegen.
- Ende zum Stiel formen.

- Schleife in der Hand legen.
- Draht am Bindepunkt anlegen.
- Draht fest umeinander drehen.

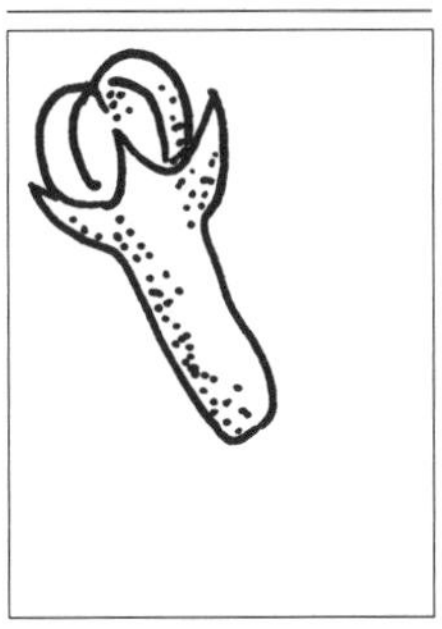

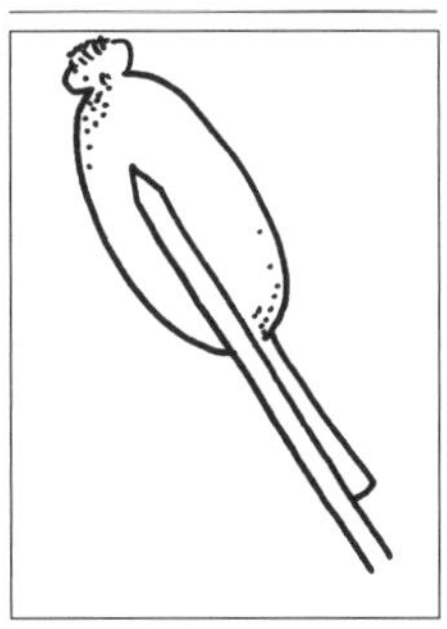

- Draht spiralförmig um den Stängel wickeln.

Verlag Handwerk und Technik G.m.b.H., Lademannbogen 135, 22339 Hamburg; Postfach 63 05 00, 22331 Hamburg – 2009 · E-Mail: info@handwerk-technik.de Internet: www.handwerk-technik.de

Name:	Klasse:

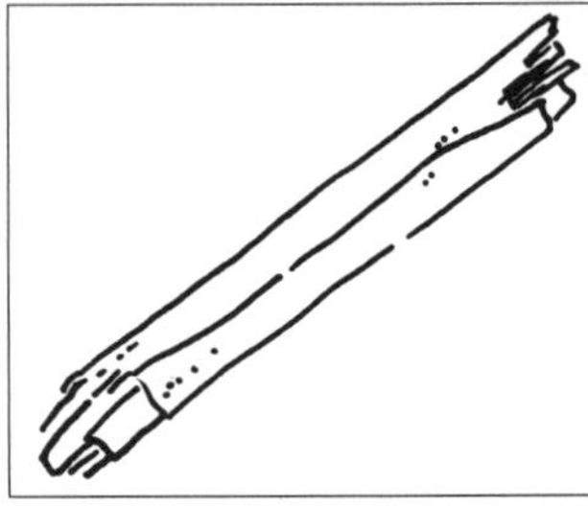

- Draht um die Mitte legen.
- Drahtenden verzwirbeln.

- Bei Bucheckern vorher Bouillondraht aufziehen.

- Draht zu einem kleinen Haken umbiegen.
- An der weichen Stelle (Unterseite) hineinstecken und verankern.

- Gräser bündeln.
- Stützbogen biegen.
- Stützbogen an die Stiele legen.
- Draht fest um Stiele und Stützbogen zwirbeln.

- Wie Gräserbündel andrahten oder Stützbogen von oben durch die Blüte ziehen.

- Draht an der Blattunterseite im unteren Drittel einstecken.
- Beide Drahtenden zum Stiel führen und verzwirbeln.

Name:	Klasse:

Material zur Herstellung eines Adventsgesteckes

Aufgabe 1: Geben Sie Materialien an, die für die Herstellung eines Adventsgesteckes verwendet werden können.

Steckunterlage: z. B. ______________________

Steckmasse: z. B. ______________________

Tannengrün: z. B. ______________________

Dekoration: z. B. ______________________

Arbeitsmittel/Hilfsmittel: ______________________

Aufgabe 2: Bezeichnen Sie die Gesteckarten.

Gesteckarten:

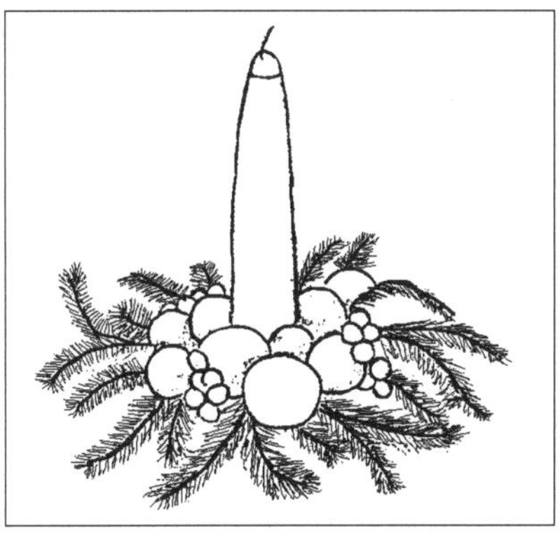

____

____

Verlag Handwerk und Technik G.m.b.H., Lademannbogen 135, 22339 Hamburg; Postfach 63 05 00, 22331 Hamburg – 2009 · E-Mail: info@handwerk-technik.de Internet: www.handwerk-technik.de

Name:	Klasse:

Grundsätze zur Gestaltung eines Adventsgesteckes

Aufgabe 1: Setzen Sie folgende Begriffe in die Lücken ein:

Kerze – Lärchenzweige – Tannengrünspitzen – rechte Seite – zarte Zweige – die Kerze – Weidenzweige – sichtbar – nicht berühren – drei bis vier – Erlenzweige – Steckmasse – Gesteckart.

- Höchstens ____________________ verschiedene Dekorationsmaterialien verwenden.
- Die Höhe und Größe der Dekoration richtet sich nach der Höhe und Größe der ________________ und der ____________________ .
- Die Wirkung der Kerze wird durch ____________________ unterstützt, z. B. ____ .
- Das Gesteck sollte einen Mittelpunkt haben, z. B. ____________________ .
- ____________________ darf nicht mehr ____________________ sein.
- Die ______________________ des Tannengrüns soll sichtbar sein.
- Die _________________________________ sollen sichtbar sein.
- Die Kerze und das Tannengrün dürfen sich __________________________ .

Aufgabe 2: Kleben Sie Abbildungen von Adventsgestecken ein oder zeichnen Sie Ihr Adventsgesteck auf.

Name:	Klasse:

Ein Adventsgesteck bringt Licht und Wärme ins Haus

Aufgabe: Beschreiben Sie die Herstellung eines formalen Adventsgesteckes.

1.

1. ______________________________
____
____

2.

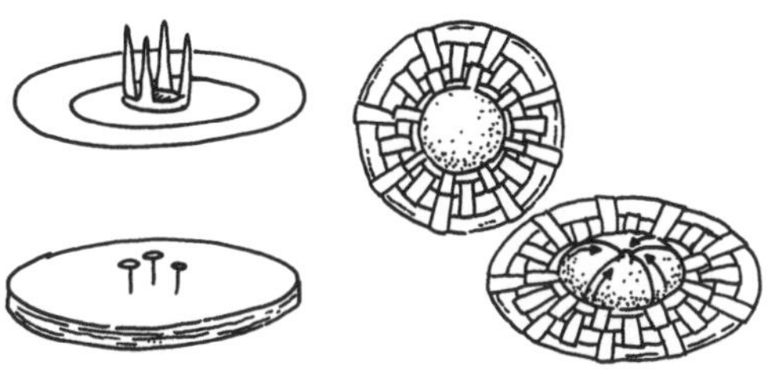

2. ______________________________
____
____

3.

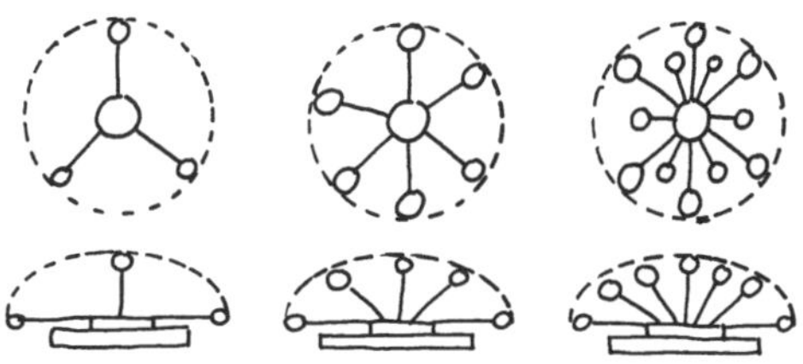

3. ______________________________
____
____
____

4.

4. ______________________________
____

5.

5. ______________________________
____

6. Gesteck auf Sauberkeit und Standfestigkeit überprüfen.

7. ______________________________

Verlag Handwerk und Technik G.m.b.H., Lademannbogen 135, 22339 Hamburg; Postfach 63 05 00, 22331 Hamburg – 2009 · E-Mail: info@handwerk-technik.de Internet: www.handwerk-technik.de

Name:	Klasse:

Ein selbst gebundener Kranz schmückt unser Haus

Aufgabe 1: Geben Sie die benötigten Arbeitsmittel an.

Geräte: ____________________

Hilfsmittel: ____________________

Bindegrün, z. B.: ____________________

Verzierung, z. B.: ____________________

Aufgabe 2: Beschreiben Sie die Herstellung des Kranzes:

1.

2.

3.

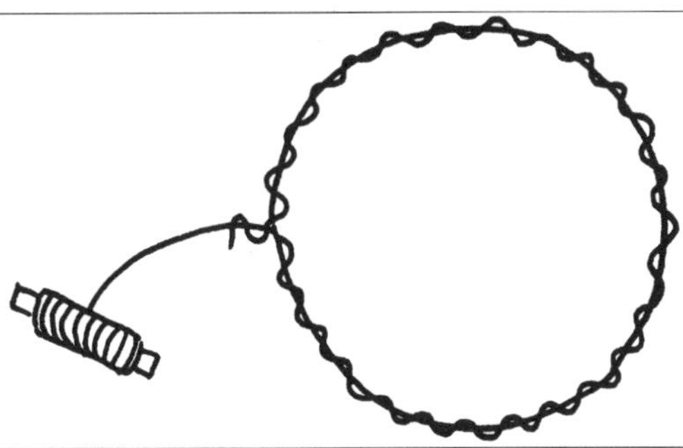

4.

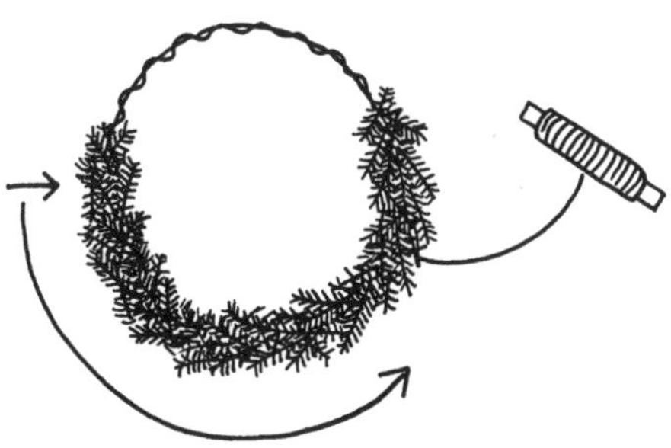

Name:	Klasse:

5.

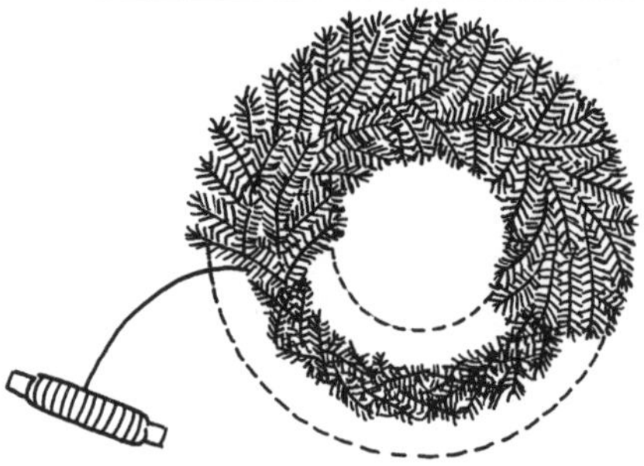

6.

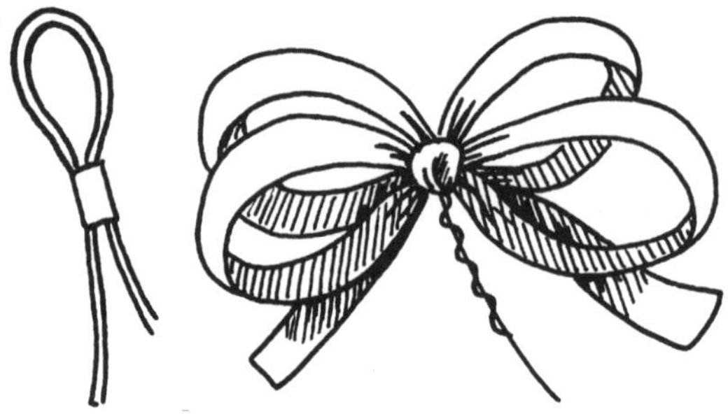

7.

Aufgabe 3: Schreiben Sie weitere Verwendungsmöglichkeiten für einen rund gebundenen Kranz auf:

Name: | Klasse:

Die Ansprüche der Zimmerpflanzen

Aufgabe 1: Geben Sie die Ansprüche der Zimmerpflanzen an.

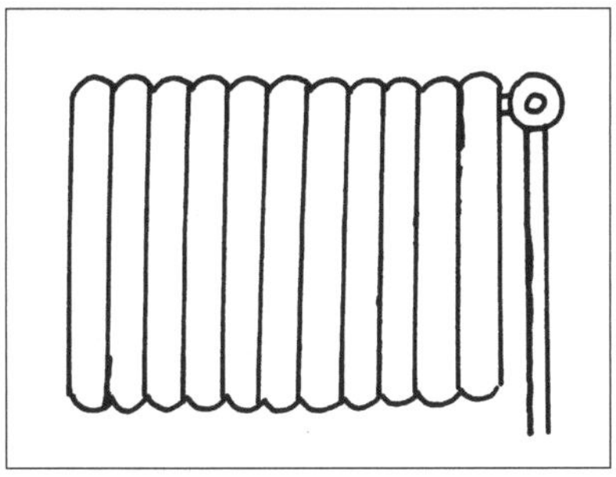

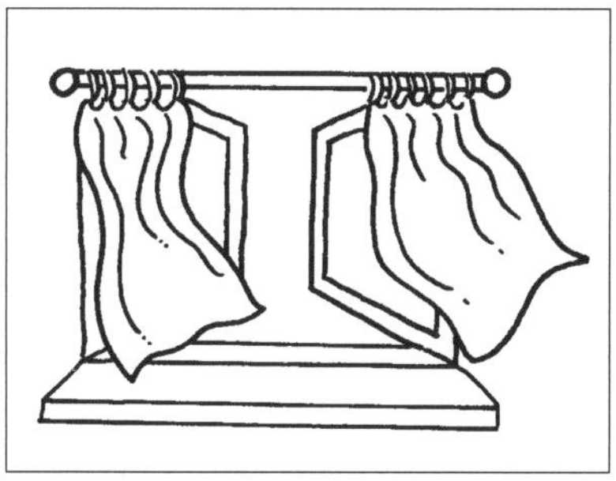

Je nach ihrer Heimat stellen die Pflanzen unterschiedliche Ansprüche an ihren Standort und ihre Pflege in der Wohnung.

Aufgabe 2: Beschreiben Sie die Ansprüche von

Geranie:

Farn:

Kaktus:

Name:	Klasse:

Die Pflege der Zimmerpflanzen

Arbeiten	*Beachte*	*Begründung*
1. 	– Fingerprobe – Abgestandenes Wasser verwenden.	
2. 	– Wurzeln nicht verletzen. – Holzstäbchen	
3.	– Kranke und welke Pflanzenteile sorgfältig entfernen.	
4. 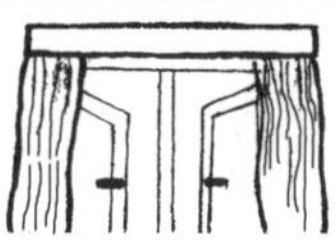		– Damit die Pflanze besser atmen kann.
5. 	– Schwache Pflanzenseite zum Licht wenden.	
6. Anbinden	– Nicht zu fest anbinden.	
7. Untersetzer und Übertöpfe säubern	– Abwaschen und klar spülen.	
8. Düngen		
9. Schädlinge bekämpfen		

Verlag Handwerk und Technik G.m.b.H., Lademannbogen 135, 22339 Hamburg; Postfach 63 05 00, 22331 Hamburg – 2009 · E-Mail: info@handwerk-technik.de Internet: www.handwerk-technik.de

Name:	Klasse:

Mit dem richtigen Standort fängt die Pflege an

Südfenster

z. B. sonnig

1. Ananasgewächse
2. Bogenhanf
3. Christusdorn
4. Croton
5. Flammendes Kätchen
6. Grünlilie
7. Orangenbäumchen
8. Passionsblume
9. Ritterstern
10. Wachsblume

Nordfenster

z. B. schattig

1. Alpenveilchen
2. Bubiköpfchen
3. Drachenbaum
4. Dreimasterblume
5. Efeu
6. Efeutute
7. Farne
8. Kolbenfaden
9. Russischer Wein
10. Zimmeraralie

Ost- oder Westfenster

z. B. halbschattig

1. Begonie
2. Bergpalme
3. Blattkakteen
4. Birkenfeige
5. Clivia
6. Dieffenbachie
7. Drehfrucht
8. Efeuaralie
9. Efeutute
10. Flamingoblume
11. Gummibaum
12. Glockenblume
13. Hortensie
14. Kletterficus
15. Nestfarn
16. Osterkaktus
17. Schönmalve
18. Usambaraveilchen
19. Zimmertanne
20. Zwergpfeffer

Name:	Klasse:

Das Gießen der Zimmerpflanzen

Aufgabe: Stellen Sie Grundsätze für das richtige Gießen auf.

Wie oft gegossen werden muss, richtet sich nach:

1. der Art der Zimmerpflanze.

Trockenheitsliebende Pflanzen,

____

____

Feuchtigkeitsliebende Pflanzen,

____

____

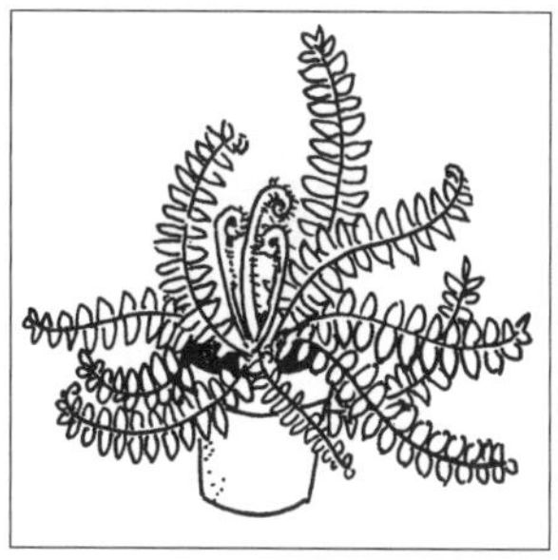

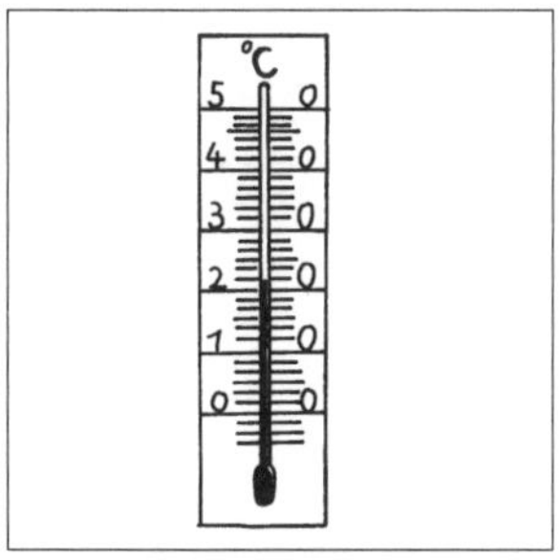

2. der Zimmertemperatur.

____

____

____

3. der Größe der Pflanze.

____

____

____

4. ______________________________

____

____

Verlag Handwerk und Technik G.m.b.H., Lademannbogen 135, 22339 Hamburg; Postfach 63 05 00, 22331 Hamburg – 2009 · E-Mail: info@handwerk-technik.de Internet: www.handwerk-technik.de

Name:	Klasse:

Verschiedene Möglichkeiten der Wasserversorgung

Aufgabe: Beschreiben Sie die Möglichkeiten der Wasserversorgung und nennen Sie Beispiele.

Zeichnung	Möglichkeit	Beispiel
1. 		
2. 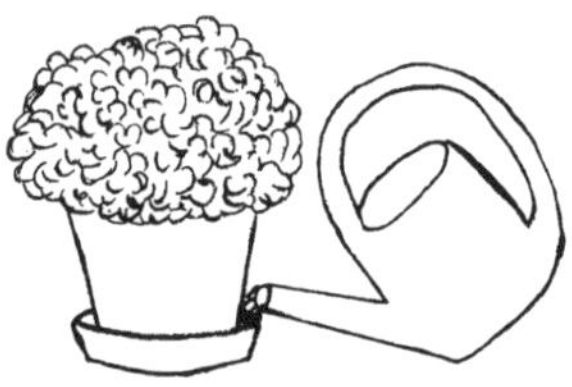		
3. 		
4. 		
5. 		

Name:	Klasse:

Erste Hilfe für kranke Zimmerpflanzen

Vorbeugen ist besser als Heilen.

Aufgabe 1: Geben Sie an, wie Krankheiten und Schädlingen vorgebeugt werden kann.

Vorbeugen: ______________________________

____

____

____

____

____

Häufig auftretende Schädlinge:

Aufgabe 2: Beschreiben Sie die Kennzeichen der Schädlinge.

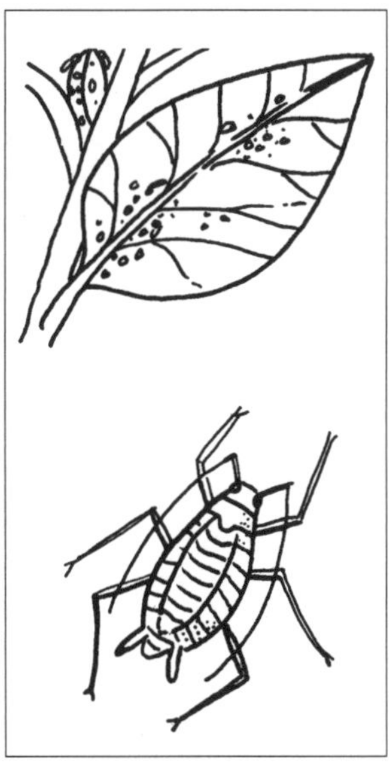

Blattläuse

Kennzeichen:

____

____

____

____

Aufgabe 3: Geben Sie die Bekämpfung an.

______________ ______________ ______________

Verlag Handwerk und Technik G.m.b.H., Lademannbogen 135, 22339 Hamburg; Postfach 63 05 00, 22331 Hamburg – 2009 · E-Mail: info@handwerk-technik.de Internet: www.handwerk-technik.de

Name:	Klasse:

Aufgabe 4: Beschreiben Sie die Kennzeichen der Schädlinge.

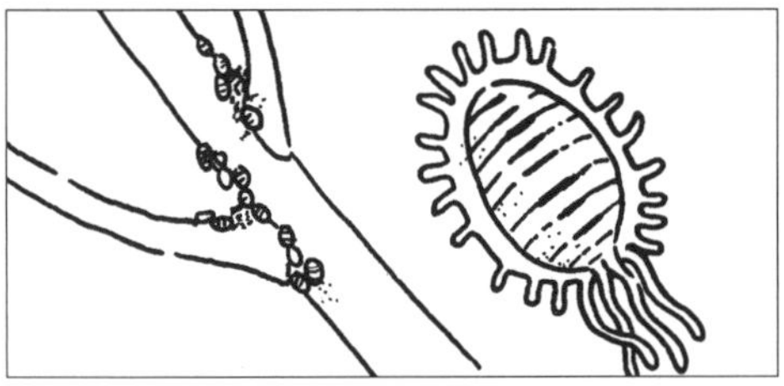

Wollläuse

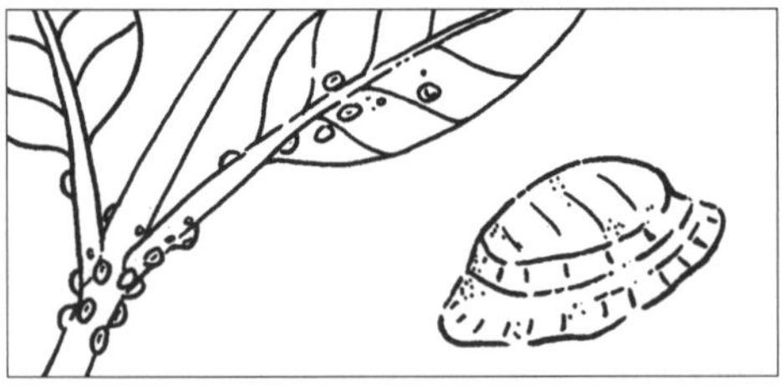

Schildläuse

Springschwänze

Aufgabe 5: Geben Sie die Bekämpfung an.

Wollläuse

Schildläuse

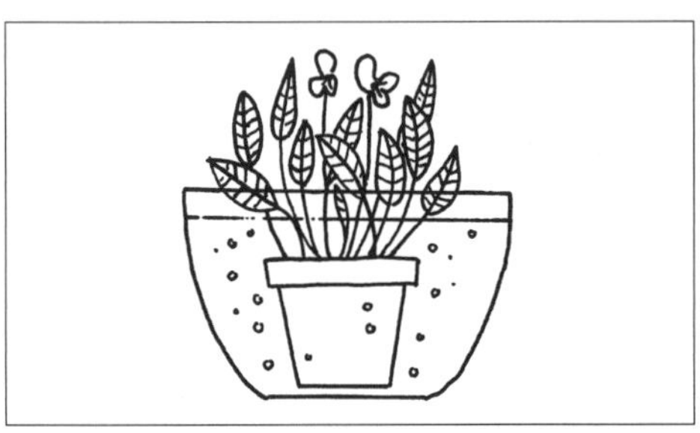

Springschwänze

Name:	Klasse:

Rezepte zur Bekämpfung der Schädlinge an Zimmerpflanzen

Gelbtafeln:

Die einfachste Methode der Schädlingsbekämpfung/ -vorbeugung sind Gelbtafeln.
Das sind gelbe mit Leim bestrichene Kunststoffplatten. Durch die gelbe Farbe werden geflügelte Insekten angelockt und bleiben am Leim kleben.
Leider fallen auch Nützlinge dieser Methode zum Opfer.

Tauchen:

Gegen die meisten beißenden und saugenden Schädlinge hilft ein Tauchen in Schmierseifenlösung.
Die Lösung wird aus fünf Litern Wasser und einer Tasse Schmierseife hergestellt. Damit keine Erde ins Tauchbad fällt, wird der Topf mit Plastikfolie abgedeckt.
Danach wird die Pflanze gründlich lauwarm abgeduscht.

Abtupfen:

Schild- und Wollläuse reagieren sehr empfindlich auf das Abtupfen mit einem Gemisch aus einer Tasse Spiritus und drei Tassen Wasser.
Ein Wattestäbchen oder ein mit Watte versehener Holzspieß wird in die Lösung getaucht, um die Läuse damit zu betupfen.
Durch den Alkohol werden die Läuse abgetötet.
Danach müssen die Pflanzen mit lauwarmem Wasser abgeduscht werden.

Verlag Handwerk und Technik G.m.b.H., Lademannbogen 135, 22339 Hamburg; Postfach 63 05 00, 22331 Hamburg – 2009 · E-Mail: info@handwerk-technik.de Internet: www.handwerk-technik.de

Name:	Klasse:

Abbürsten:

Mithilfe einer alten Zahnbürste und Schmierseife – oder Spirituslösung – lassen sich Schädlinge recht effektiv abbürsten. Danach mit lauwarmem Wasser abduschen.

Abduschen:

Blattläuse lassen sich ganz einfach durch Abduschen entfernen. Der Strahl sollte nicht zu hart eingestellt sein, damit die Pflanze nicht verletzt wird. Das Wasser soll lauwarm sein.

Der Blumentopf wird mit Plastikfolie abgedeckt.
Da Blattläuse sich schnell vermehren, muss die Prozedur mindestens dreimal in drei Wochen wiederholt werden.

Besprühen:

Durch Besprühen mit Schmierseife oder Spirituslösung oder mit einem Weißölpräparat kann man Woll- und Schildläusen den Garaus machen.
Um alle Entwicklungsstadien zu erfassen, muss das Besprühen mehrmals wiederholt werden.
Beim Einsatz von Schmierseife und Spiritus ist ein anschließendes Abduschen notwendig.

Die chemische Bekämpfung von Schädlingen ist nur sinnvoll bei wertvollen Pflanzen, ansonsten steht die Umweltverträglichkeit in keinem Verhältnis zum Nutzen.

Name: | Klasse:

Krankheiten der Zimmerpflanzen

Aufgabe 1: Beschreiben Sie die Krankheitsmerkmale.

Aufgabe 2: Geben Sie die Bekämpfung an.

Häufig auftretende Krankheiten:

	Merkmal	Bekämpfung
Grauschimmel 		– Pflanze nicht so viel gießen und luftiger stellen.
Echtmehltau 	– Belag verfärbt sich später bräunlich.	
Rußtau 	Rußtau ist ein Pilz, der auf dem Honigtau der Läuse gedeiht. Er vermindert die Lichtaufnahme.	

Verlag Handwerk und Technik G.m.b.H., Lademannbogen 135, 22339 Hamburg; Postfach 63 05 00, 22331 Hamburg – 2009 · E-Mail: info@handwerk-technik.de Internet: www.handwerk-technik.de

Name:	Klasse:

Das Umtopfen der Zimmerpflanzen

Aufgabe 1: Nennen Sie Gründe für das Umtopfen.

____
____
____
____
____

Aufgabe 2: Beschriften Sie die Zeichnungen.

1 = ________________
2 = ________________
3 = ________________
4 = ________________
5 = ________________
6 = ________________
7 = ________________
8 = ________________
8 = ________________
9 = ________________
10= ________________

Aufgabe 3: Beschriften Sie die Zeichnungen.

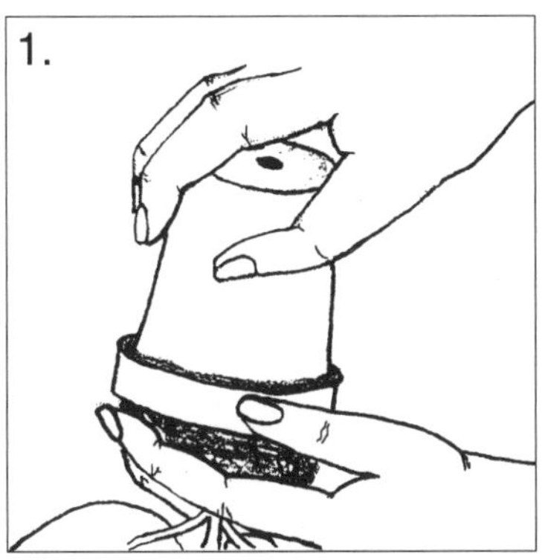

1. ____________________
____
____
____
____
____

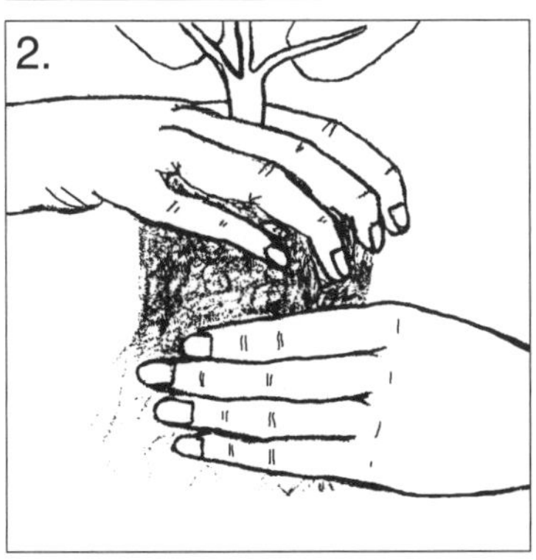

2. ____________________
____
____
____
____
____

Verlag Handwerk und Technik G.m.b.H., Lademannbogen 135, 22339 Hamburg; Postfach 63 05 00, 22331 Hamburg – 2009 · E-Mail: info@handwerk-technik.de Internet: www.handwerk-technik.de

Name:	Klasse:

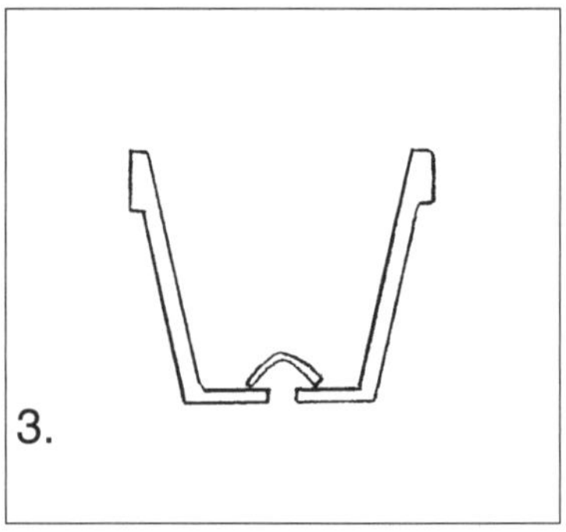

3. ____
____

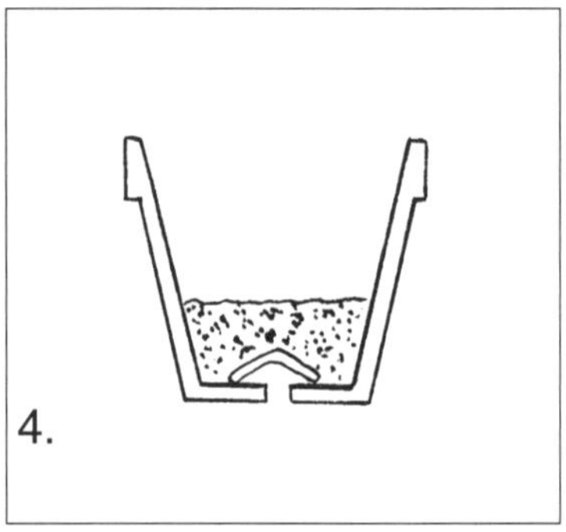

4. ____
____

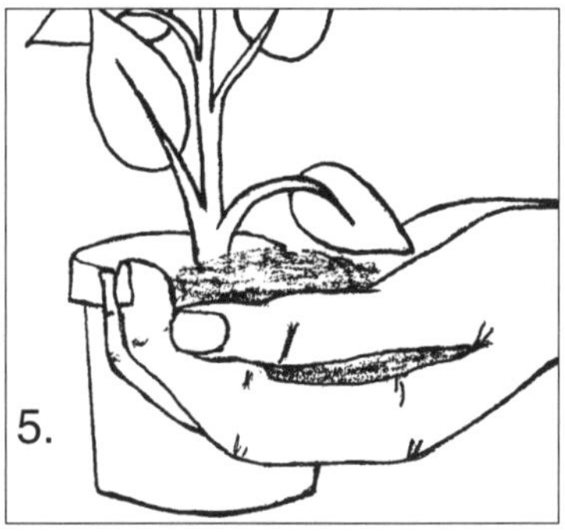

5. ____
____
____
____

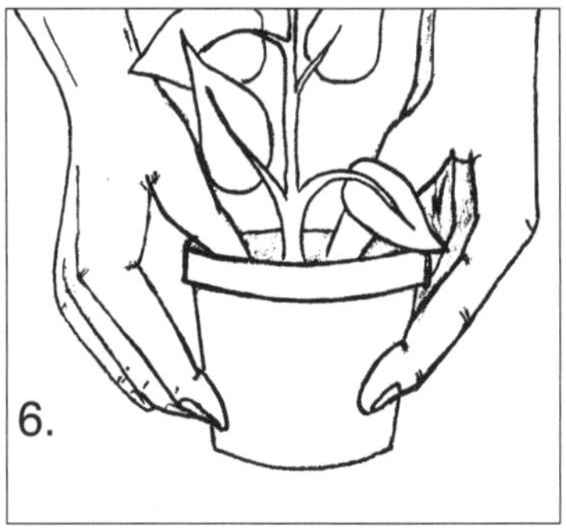

6. ____
____

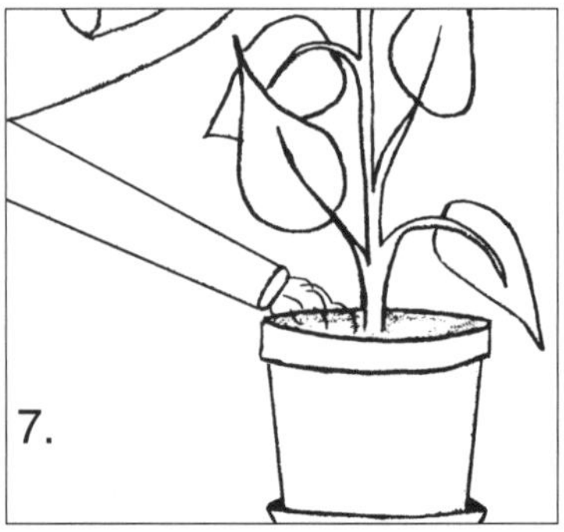

7. ____
____
____

8. ____

Umgetopfte Pflanzen __________ gießen. Erst __________, wenn neue Triebe kommen.

Name:	Klasse:

Die Vermehrung von Zimmerpflanzen durch Kopfstecklinge

Aufgabe 1: Füllen Sie die Textlücken aus.

Zeichnungen	Arbeitsweise	Beachte
	______ direkt unter einem ______ abschneiden.	– sehr scharfes Messer – Steckling ca. fingerlang schneiden.
	Blätter bis auf ______ bis ______ Stück entfernen.	Sehr große Blätter einrollen oder einkürzen.
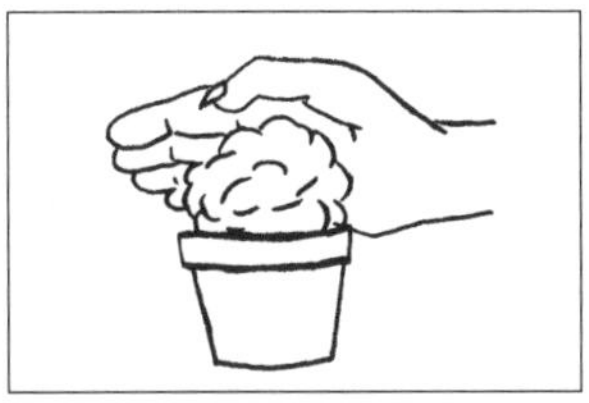	Topf ______ mit Anzuchterde füllen.	Anzuchterde locker einfüllen.
	Eventuell ein Loch in die Anzuchterde drücken.	– Nur bei Stecklingen mit weichem Stängel.
	Steckling ______ und ______, dabei den ______ formen.	Steckling ca. 1 cm oberhalb der Schnittstelle fassen, er darf nicht umkippen.
	Steckling ______.	Untersetzer unter den Topf stellen.
	Einen ______ überstülpen. Mit einem ______ befestigen. An einen ______ Ort stellen.	– durchsichtiger Plastikbeutel – hohe Luftfeuchtigkeit – hohe Bodenwärme

Aufgabe 2: Nennen Sie Zimmerpflanzen, die sich durch Kopfstecklinge vermehren lassen.

______

Name:	Klasse:

Die Vermehrung von Zimmerpflanzen durch Stecklinge

Aufgabe 1: Geben Sie die Art der Vermehrung an.

Aufgabe 2: Beschreiben Sie die Durchführung.

Aufgabe 3: Zählen Sie Beispielpflanzen auf.

Art der Vermehrung	*Durchführung*	*Pflanzenbeispiele*
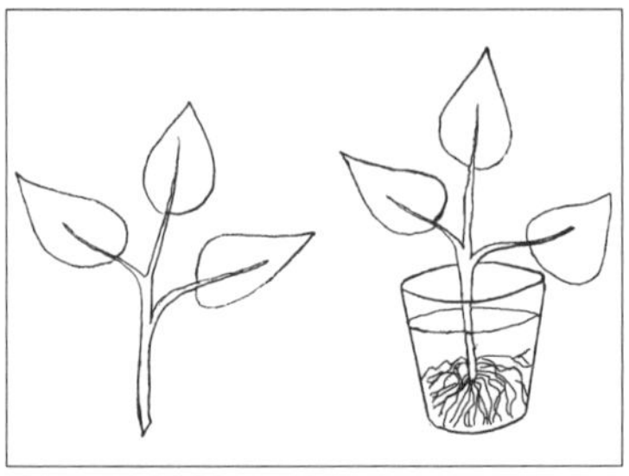		
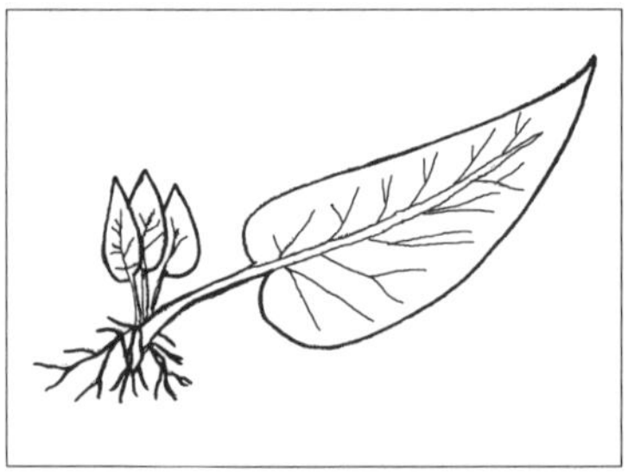		
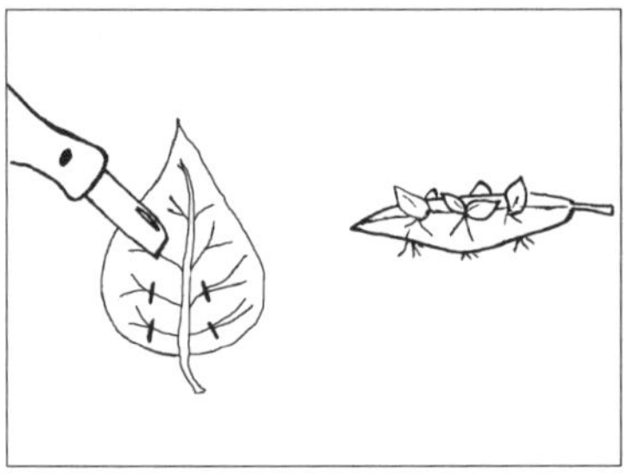		
a) b) 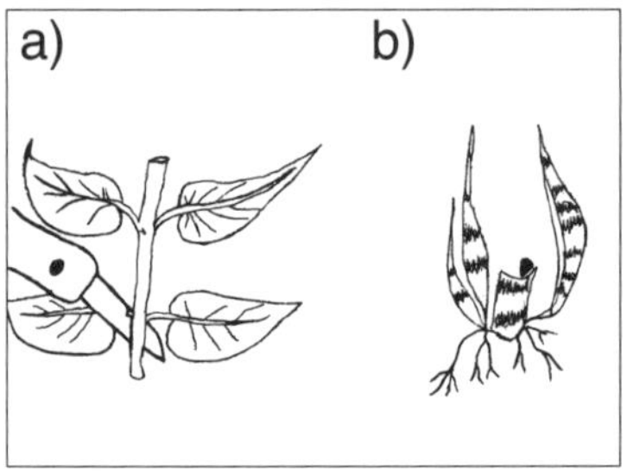		a) a) b) b)

Name:	Klasse:

Vermehrung durch Kindel

Aufgabe 1: Geben Sie die Art der Vermehrung an.

Aufgabe 2: Beschreiben Sie die Durchführung.

Aufgabe 3: Zählen Sie Beispielpflanzen auf.

Art der Vermehrung	*Durchführung*	*Pflanzenbeispiele*

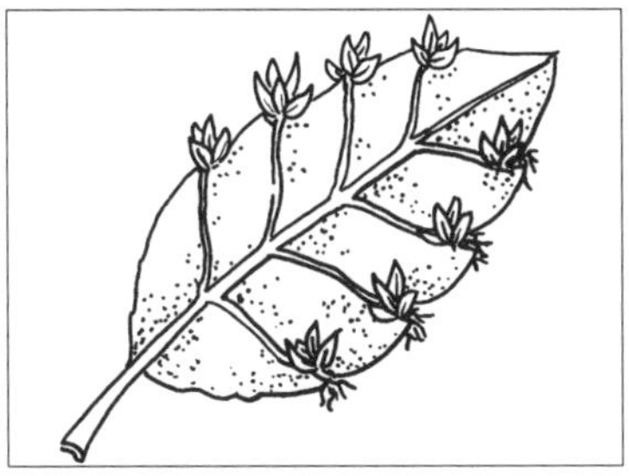		
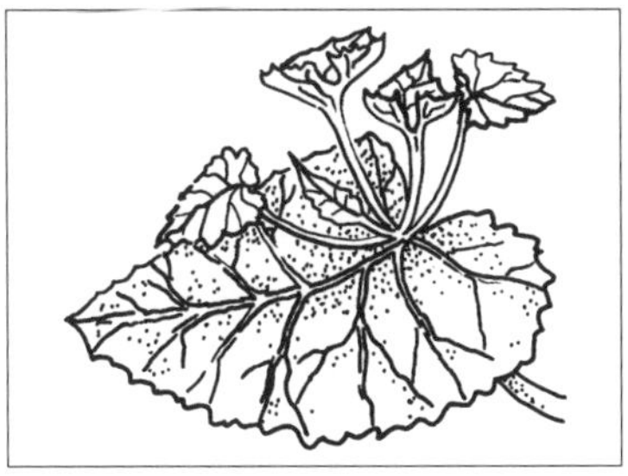		

Name:	Klasse:

Andere Vermehrungsmöglichkeiten der Zimmerpflanzen

Aufgabe 1: Bezeichnen Sie die Vermehrungsart.

Aufgabe 2: Beschreiben Sie die Durchführung.

Aufgabe 3: Geben Sie Beispielpflanzen an.

Vermehrungsart	*Durchführung*	*Pflanzenbeispiele*

1.

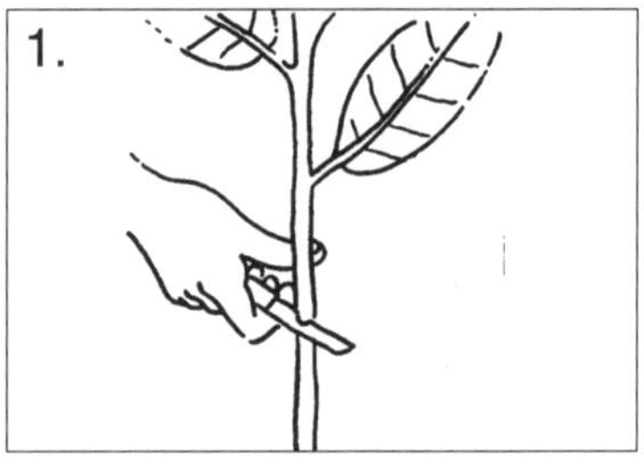

1.

2.

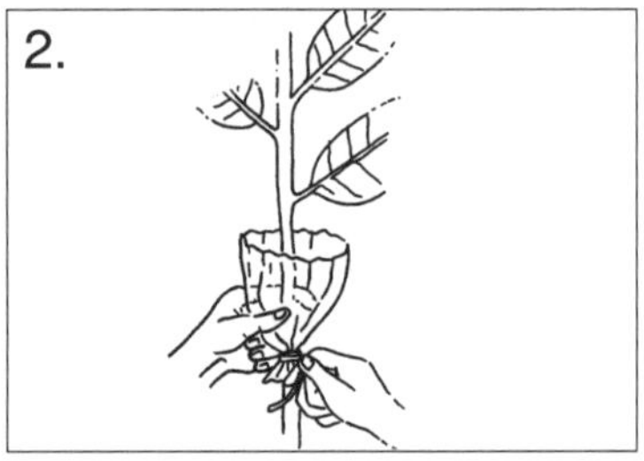

2.

3.

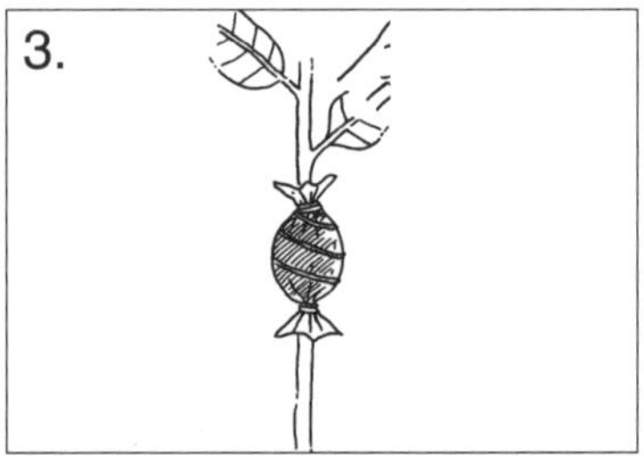

3.

Nach sechs Wochen oder erst nach Monaten kann die Folie entfernt werden.

4.

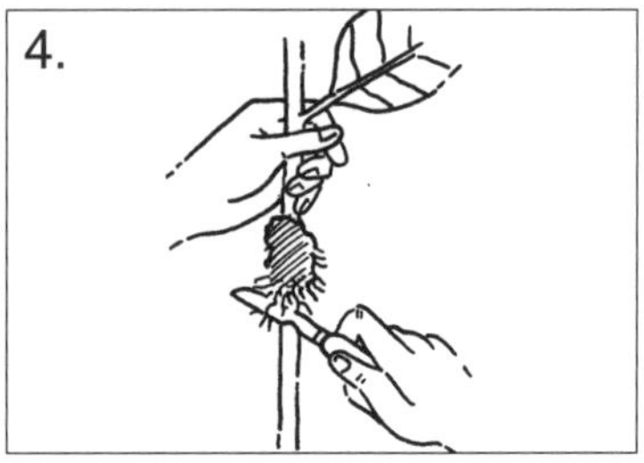

4.

Name:	Klasse:

Hydrokultur – Pflanzen leben ohne Erde

Aufgabe 1: Geben Sie Lebensbedingungen der Pflanzen und Aufgaben der Erde an.

Eine Pflanze benötigt zum Leben: ______________________________

____

____

____

____

Die Erde übernimmt dabei folgende Aufgaben: ______________________________

____

____

Aufgabe 2: Beschriften Sie die Zeichnungen.

Querschnitt durch ein Hydrokulturgefäß

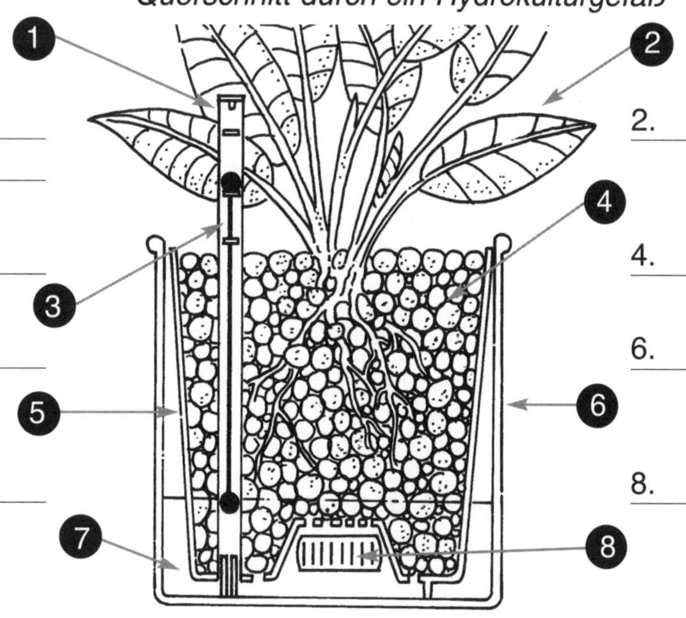

1. ______________________________

____

2. ______________________________

3. ______________________________

4. ______________________________

5. ______________________________

6. ______________________________

7. ______________________________

8. ______________________________

Funktion des Wasserstandsanzeigers

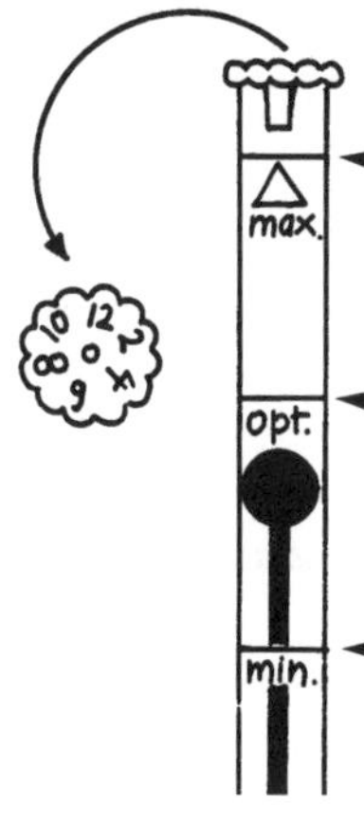

____

____

____

• ______________________________

• ______________________________

• ______________________________

Verlag Handwerk und Technik G.m.b.H.,
Lademannbogen 135, 22339 Hamburg; Postfach 63 05 00,
22331 Hamburg – 2009 · E-Mail: info@handwerk-technik.de
Internet: www.handwerk-technik.de

Name:	Klasse:

Aufgabe 3: Nennen Sie zur Hydrokultur geeignete Zimmerpflanzen.

______________________ ______________________ ______________________

______________________ ______________________ ______________________

Aufgabe 4: Beschreiben Sie die Anzucht von Stecklingen für die Hydrokultur.

____

____

____

Aufgabe 5: Ergänzen Sie den Text über das Eintopfen der Hydrokultur-Pflanzen.

3.

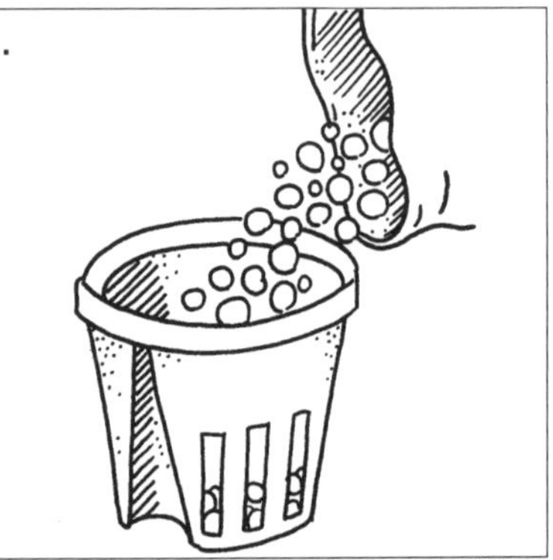

4.

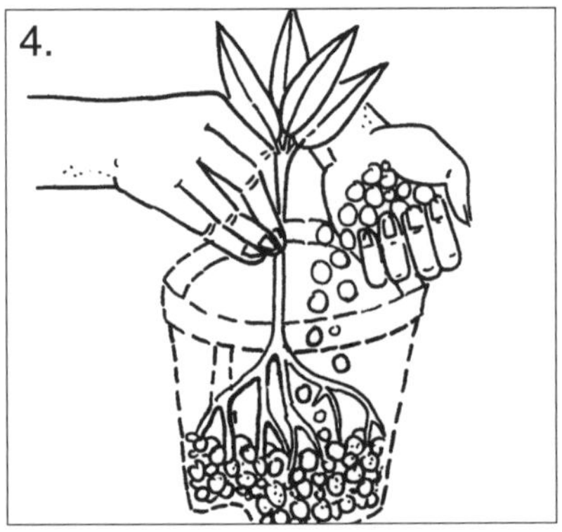

5.

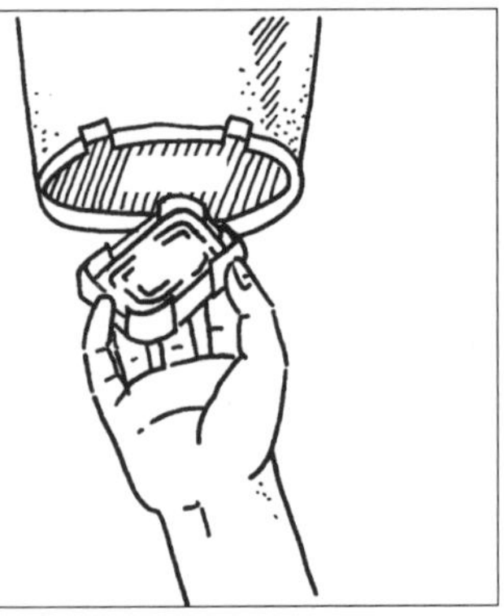

1. Tongranulat gründlich ______________.

2. Tongranulat eine Zeit lang im Wasser ______________.

3. Kulturtopf um ___ mit dem gewässerten Tongranulat füllen.

4. Pflanze oder Steckling in den Kulturtopf halten, Tongranulat ______________.

5. Nährstoffbatterie ______________ und Wasserstandsanzeiger (Pegulator) ______________.

6. Merkskala für neue Nährstoffzugabe ______________.

7. Kulturtopf in ______________ stellen und ______________ Wasser eingießen, bis der Anzeiger __________ anzeigt.

8. Eine über die Pflanze gestülpte ______________ erleichtert das Anwachsen.

Aufgabe 6: Vervollständigen Sie den Text zur Pflege der Hydrokulturen.

Ungefähr alle ____________ Monate sollte die Nährstofflösung völlig ausgetauscht werden, dabei den ______________ reinigen und die ______________ erneuern.

Name:	Klasse:

Die Anlage eines Flaschengartens

Aufgabe: Zählen Sie die notwendigen Arbeitsmittel zur Anlage eines Flaschengartens auf.

Helles sauberes ____________________

langsam wachsende ____________________

Drainage, z. B. ____________________

sterile Erde, z. B. ____________________

zum Schutz vor Fäulnis ____________________

Hilfsmittel, z. B.

____

____

____

____

____

____

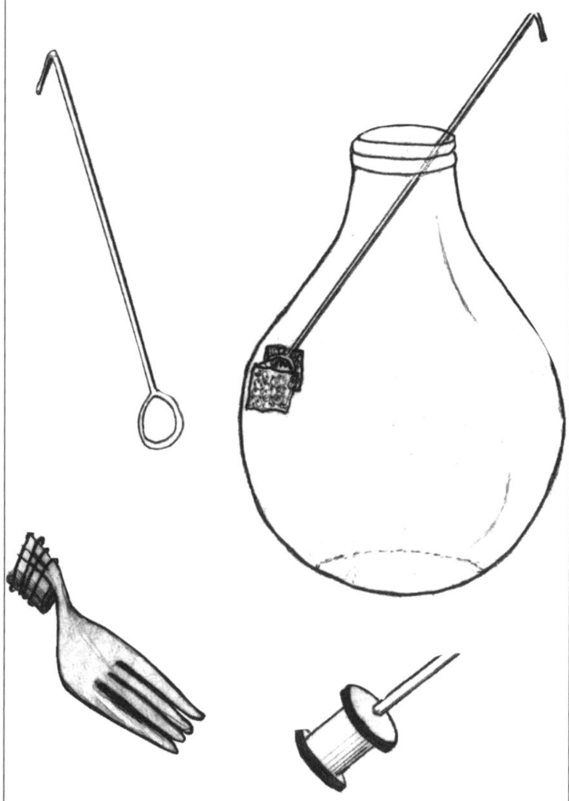

Folgende Pflanzen eignen sich für einen Falschengarten

z. B.: Tigerbegonie

Bromeliengewächse

Efeu

Zwergpfeffer

Kanonierblume

Farn

Usambaraveilchen

Wachsblume

Name: | Klasse:

Die Bepflanzung des Flaschengartens

Aufgabe: Ergänzen Sie den Text.

1. Mithilfe des Zeitungstrichters die Drainage, z. B. ______________ , einfüllen, damit der Boden bedeckt ist.

2. Darauf einige Stückchen ______________ zur Desinfektion geben.

3. Blumenerde einfüllen, eventuell eine ______________ formen.

4. Pflanzmulden ausheben.

5. Kleine Pflanzen unter Verwendung der ______________ in die Flasche befördern.

6. Größere Pflanzen in ______________ einwickeln, so rutschen sie besser durch den Flaschenhals.

Verlag Handwerk und Technik G.m.b.H., Lademannbogen 135, 22339 Hamburg; Postfach 63 05 00, 22331 Hamburg – 2009 · E-Mail: info@handwerk-technik.de Internet: www.handwerk-technik.de

Name:	Klasse:

7. Die Pflanzen in die vorgesehene Pflanzmulde setzen, mit dem Löffel Erde heranschaufeln und ____________________.
Eventuell die Zwirnrolle verwenden.

8. Vorsichtig ______________. Entweder das Wasser aus der Gießkanne an der Innenseite der Flasche herunterlaufen lassen oder ein Plastikrohr zum gezielten Gießen der Pflanzen einsetzen.

9. Flaschengarten nach Wunsch verschließen.

Pflege:

Den Flaschengarten an einen hellen Standort stellen, vor direkter Sonneneinstrahlung schützen.

Die Erde immer feucht halten.

Im geschlossenen Gefäß muss sich Verdunstungswasser niederschlagen.

Ist der Niederschlag so stark, dass die Blumen nicht mehr sichtbar sind, sollte der Deckel einige Tage abgenommen werden.

Abgestorbene Pflanzenteile sofort entfernen.

Zu groß gewordene Pflanzen können mit einer Rasierklinge gestutzt werden.

Name:	Klasse:

Einjährige Sommerblumen ohne Vorkultur

Aufgabe 1: Erklären Sie den Begriff „einjährige Sommerblumen“.

Namen einiger einjähriger Sommerblumen ohne Vorkultur:

Ringelblume	Portulakröschen
Schlafmützchen	Schmückkörbchen
Mittagsblume	Sommerrittersporn
Kornblume	Jungfer im Grünen
Schleifenblume	Witwenblume
Schöngesicht	Lein
Duftwicke	Immortelle
Kapuzinerkresse	Schleierkraut
Sonnenblume	Strohblume
Kokardenblume	

Aufgabe 2: Kleben Sie Abbildungen einiger Sommerblumen ohne Vorkultur auf.

Aufgabe 3: Beschreiben Sie die Anzucht von Sommerblumen ohne Vorkultur.

Bodenvorbereitungen:
- Beet ______ und ______.
- Eventuell ______ einarbeiten.

Aussaat:
- Flache ______ ziehen.
- Saat sehr ______ ausstreuen.
- Saat ______ andrücken.
- Wenig ______ darüberharken.
- Beet ______.
- Die Saat, wenn nötig, ______.

Pflege:
- ______ entfernen.
- Den ______ auflockern.
- Bei ______ gießen.
- Zu ______ stehende Pflanzen entfernen.
- Möglichst ______ Blumen schneiden, das regt die Pflanzen zu vermehrter Blütenbildung an.

Im Herbst:
- Blumen ______ und auf den ______ werfen.

Verlag Handwerk und Technik G.m.b.H., Lademannbogen 135, 22339 Hamburg; Postfach 63 05 00, 22331 Hamburg – 2009 · E-Mail: info@handwerk-technik.de Internet: www.handwerk-technik.de

Name:	Klasse:

Einjährige Sommerblumen mit Vorkultur

Namen einiger einjähriger Sommerblumen mit Vorkultur:

Löwenmaul
Studentenblume
Flammenblume
Sommernelke
Zinnie
Männertreu
Sommeraster
Salvie (Feuerbalsam)
Fleißiges Lieschen
Leberbalsam

Aufgabe 1: Kleben Sie einige Abbildungen von Sommerblumen mit Vorkultur auf.

Aufgabe 2: Beschreiben Sie die Anzucht der Sommerblumen mit Vorkultur.

Anzucht

Zeitpunkt: – ____________________

Aussaat: – In einem __________, einer __________ im Frühbeet oder im Gewächshaus aussäen (siehe Kastenaussaat Seite 75).

Pflege der Aussaaten: – Für __________ und __________ sorgen.
– Sobald die Pflänzchen 3 bis 4 cm groß sind, __________. (Siehe Seite 77.)

Auspflanzen

Zeitpunkt: – ____________________

Auspflanzen: – Beet __________ und __________.
– Pflanzabstände __________.
– Jungpflanzen __________, gut __________ und __________.

Pflege der Pflanzen: – __________ entfernen und __________ auflockern.
– Bei __________ gießen.
– ____________________, möglichst __________ Blumen schneiden.

Im Herbst: – Blumen __________ und auf den __________ werfen.

Name:	Klasse:

Einjährige Sommerblumen als Sichtschutz

Einjährige Kletterpflanzen bilden rasch einen dichten blühenden Sichtschutz an der Terrasse oder auf dem Balkon. Sie werden im Haus vorgezogen und nach den Eisheiligen an Ort und Stelle gepflanzt. Für den Sichtschutz auf dem Balkon können sie auch gleich in Balkonkästen vorgezogen werden. Zum Klettern benötigen sie eine Rankhilfe, z. B. gespannte Schnüre oder ein Rankgitter.

Hier ein Überblick über die einjährigen Kletterpflanzen:

Name	Blütenfarbe Früchte	Aussaat- zeitpunkt	Wuchshöhe	Blütezeit	Standort
Duftwicke 	alle Farben von Weiß bis Violett, Früchte wie Erbsenschoten	März	1– 2 m	VI – IX	○
Feuerbohne 	weiß, rot, 20 cm lange Bohnenhülsen	April	3 – 4 m	VII – VIII	○ – ◑
Flaschen- kürbis 	weiß, auffallende Früchte	Mitte März	3 – 6 m	VI – IX	○
Glockenrebe 	weiß, blau und violett	Anfang März	3 – 5 m	VIII – X	○ – ◑

Verlag Handwerk und Technik G.m.b.H., Lademannbogen 135, 22339 Hamburg; Postfach 63 05 00, 22331 Hamburg – 2009 · E-Mail: info@handwerk-technik.de Internet: www.handwerk-technik.de

Name:	Klasse:

Name	Blütenfarbe Früchte	Aussaat-zeitpunkt	Wuchshöhe	Blütezeit	Standort
Japanhopfen 	gelbgrüne Hopfenzapfen	März	3 – 4 m	VIII – IX	○ – ◐ – ●
Kapuziner-kresse 	gelb, orange, rot	März	1 – 3 m	VII – X	○ – ◐
Prunkwinde 	weiß, blau, weinrot	März	2 – 3 m	VII – IX	○
Schönranke 	orangerot, gelb, dunkelrot	März	2 – 3 m	VII – X	geschützt ○
Schwarzäugige Susanne 	orangegelb mit schwarzbraunem Auge	März	1 – 2 m	VII – X	○
Sternwinde 	orange, gelblich-weiß	März	2 – 3 m	VII – IX	○
Zierkürbis 	gelb, zierliche Früchte	April	3 – 4 m	VII – IX	○

Aufgabe: Schneiden Sie aus einem alten Gartenkatalog Abbildungen der einjährigen Kletterpflanzen heraus und kleben Sie sie auf.

Name: | Klasse:

Zweijährige Sommerblumen

Aufgabe 1: Erklären Sie den Begriff »zweijährige Sommerblumen«.

Namen einiger zweijähriger Sommerblumen:

Bartnelke
Gänseblümchen
Goldlack
Fingerhut
Marienglockenblume
Stiefmütterchen
Stockrose
Silbertaler
Vergissmeinnicht

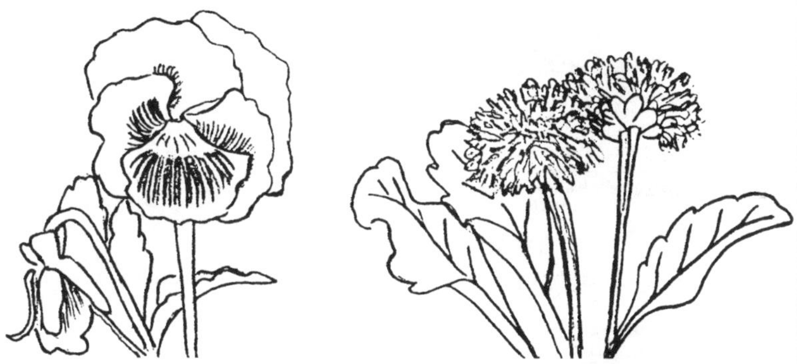

Aufgabe 2: Geben Sie Verwendungsmöglichkeiten der zweijährigen Sommerblumen an.

Blume	*Verwendung*

Aufgabe 3: Kleben Sie Abbildungen von zweijährigen Sommerblumen ein.

Name:	Klasse:

Aufgabe 4: Beschreiben Sie den Lebenslauf der zweijährigen Sommerblumen.

1.

Juni

1. ______________________________

____

____

2.

September

2. ______________________________

____

3.

Dezember

3. ______________________________

____

____

____

4.

März

4. ______________________________

____

5.

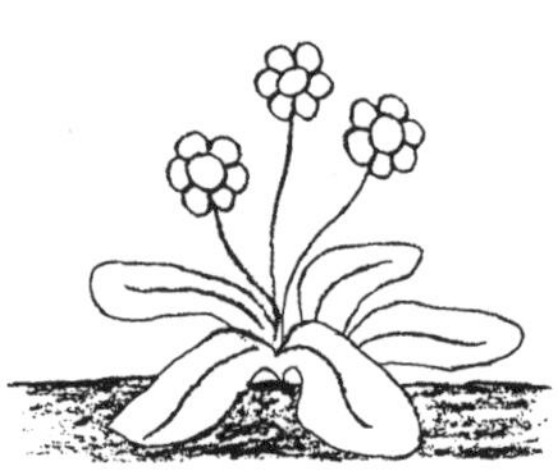

Mai

5. ______________________________

____

____

____

6.

August

6. ______________________________

____

Name:	Klasse:

Stauden ♃

Aufgabe 1: Erklären Sie den Begriff „Stauden“.

Aufgabe 2: Nennen Sie Beispiele zu den Staudenarten und geben Sie deren Verwendung an.

	Beispiele	*Verwendung*
niedrige Stauden (bis 30 cm)		
halbhohe Stauden (bis 60 cm)		
hohe Stauden (bis 2 m)		
Ziergräser		

Aufgabe 3: Geben Sie Beispiele zu den Ansprüchen, die ein Staudenbeet erfüllen soll.

- Sichtschutz, z. B.
- Farbharmonie, z. B.
- geringer Arbeitsaufwand, z. B.
- zu jeder Zeit etwas Blühendes, z. B.

Aufgabe 4: Kleben Sie Abbildungen von Stauden auf der Rückseite ein.

Verlag Handwerk und Technik G.m.b.H., Lademannbogen 135, 22339 Hamburg; Postfach 63 05 00, 22331 Hamburg – 2009 · E-Mail: info@handwerk-technik.de
Internet: www.handwerk-technik.de

Name:	Klasse:

Aufgabe 4: Kleben Sie Abbildungen von Stauden auf.

Name: | Klasse:

Die Anlage eines Staudenbeetes

Planung:

Aufgabe 1: Beschreiben Sie die Planung eines Staudenbeetes.

1. Ansprüche, die das Staudenbeet erfüllen soll, beachten.

2. Anforderungen der Stauden an den Standort beachten.

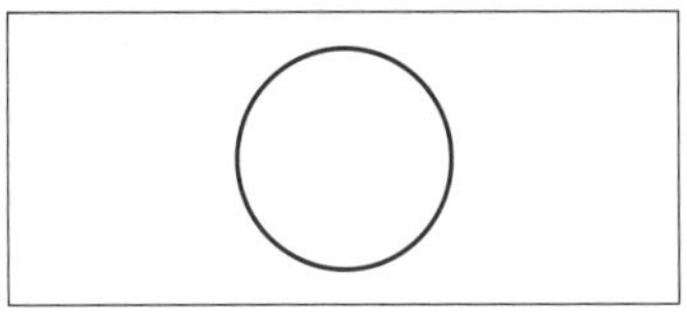
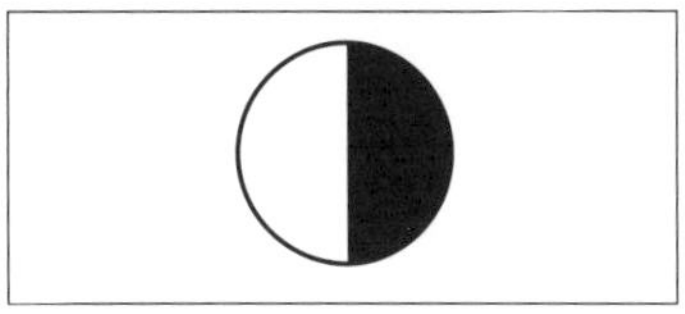
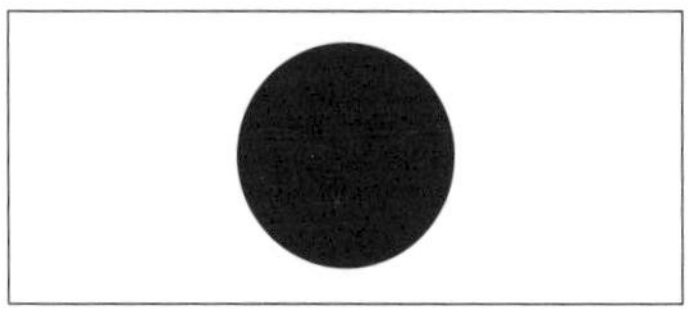

________________ ________________ ________________

3. Anforderungen der Stauden an den Boden beachten.
   sandig, z. B. ________________ humushaltig, z. B. ________________ lehmig, z. B. ________________

4. Höhenunterschiede beachten.
   z. B. ________________ in den Hintergrund pflanzen,
   ________________ in den Vordergrund pflanzen.

5. Wuchsfreudigkeit beachten.
   Nicht in ____________, sondern in ____________ von ______ bis ______ Stück pflanzen.
   Entsprechend der Höhe der Stauden wird der Abstand zwischen den Pflanzen gehalten:
   – niedrige Stauden ca. __________ cm Abstand
   – halbhohe Stauden ca. __________ cm Abstand
   – hohe Stauden ca. __________ cm Abstand

6. Pflanzzeit beachten.
   Herbstpflanzung : ________________ bis ________________
   Frühjahrspflanzung : ________________ bis ________________

Bepflanzung:

Aufgabe 2: Beschreiben Sie das Pflanzen von Stauden.

1. Tiefgründig umgraben,
   dabei verrotteten ____________ oder ________________ einarbeiten.
2. ________________________________
3. ________________________________
4. ________________________________
5. ________________________________

Name:	Klasse:

Die Pflege des Staudenbeetes

Aufgabe: Setzen Sie folgende Begriffe ein:

Frühjahr – Sommerblumen – Reisig – Kompost – Laub – Zwiebelgewächsen – Stallmist – Knollengewächsen – teilen – anbinden – lockern – wässern – abschneiden – unkrautfrei – abgeblühte – nicht so – sondern so

1. Oberirdische Pflanzenteile im Herbst etwa handbreit über der Erde ____________________.

2. Zum Winter eine Schutzdecke aus ____________, __________ oder verrottetem ________________ aufbringen.
3. Schutzdecke im ____________________ entfernen.
4. Boden ______________ und ____________________ halten.
5. Bei Bedarf ________________.
6. Halbhohe und hohe Stauden ________________.

← ____________ ________________ →

7. ________________ Stauden zurückschneiden, um eine Samenbildung zu verhindern.
8. Lücken mit ________________, ________________ oder ________________ ausfüllen.
9. Wuchsfreudige Stauden nach zwei bis drei Jahren im Herbst ________ .

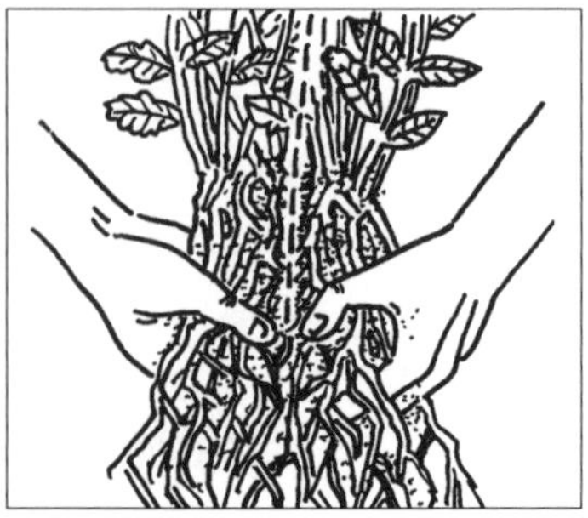

Margerite

Phlox

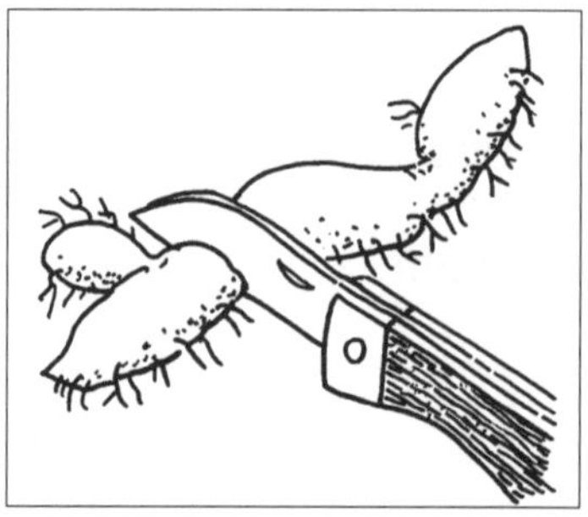

Iris

10. Boden mit ________________ oder anderem Nährstofflieferanten verbessern.

Name: | Klasse:

Rosa, die Königin der Blumen
Das Pflanzen von Rosen

Aufgabe: Ergänzen Sie den Text zum Einpflanzen der Rosen.

1.

1. Die Rosen vor dem Pflanzen mindestens zwei Stunden ________________, Versandhausware ________________!

2.

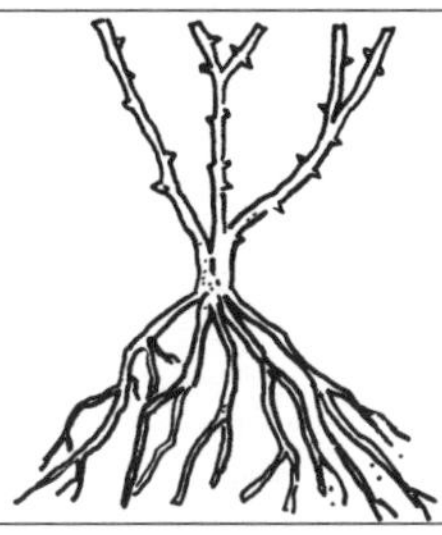

2. Wurzelschnitt durchführen:
   - ________________ und ________________ glatt schneiden.
   - Alle Hauptwurzeln auf ca. __________ einkürzen.

3.

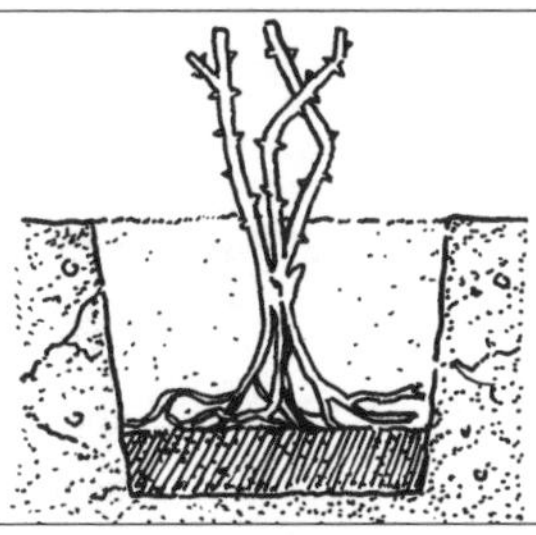

3. Das Pflanzloch so tief ausheben, dass die Veredelungsstelle am ________________ ca. drei Fingerbreit unter der Oberfläche liegt.

4.

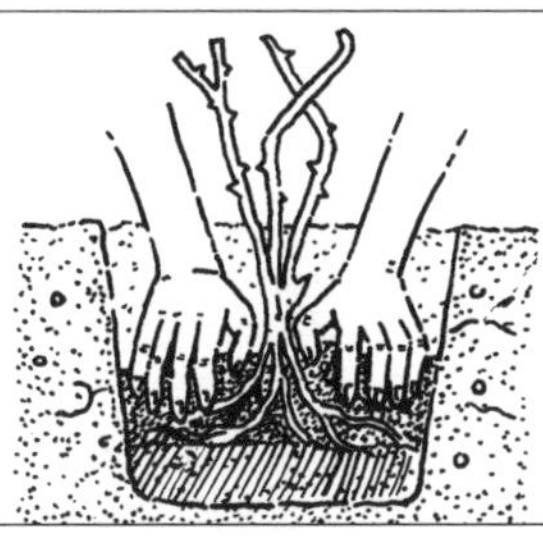

4. Das Pflanzloch locker mit Erde füllen, gut ________________, einen ________________ formen.

5.

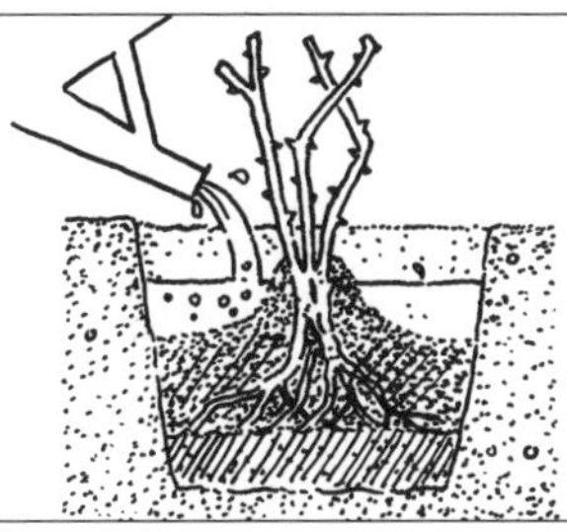

5. Vorsichtig ________________. Mehrmals wiederholen, bis die ________________ gut eingeschlämmt sind.

6.

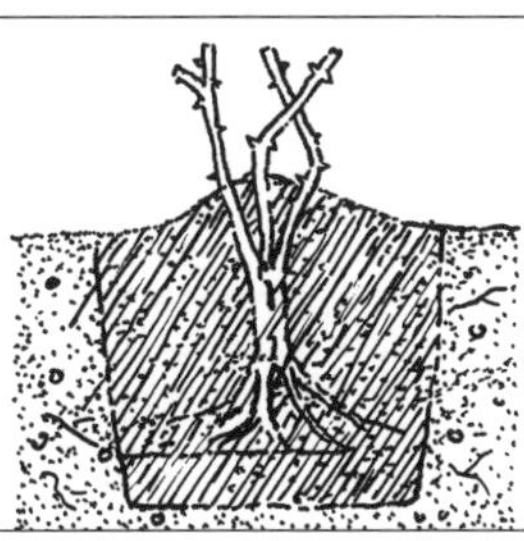

6. Den ________________ und die oberirdischen ________ ca. 20 cm hoch anhäufeln, damit sie vor Austrocknung durch ____________ und ____________ geschützt sind.

Verlag Handwerk und Technik G.m.b.H., Lademannbogen 135, 22339 Hamburg; Postfach 63 05 00, 22331 Hamburg – 2009 · E-Mail: info@handwerk-technik.de Internet: www.handwerk-technik.de

Name:	Klasse:

Die Pflege der Rosen

Aufgabe: Beschreiben Sie die Pflege der Rosen im Jahresablauf.

Im Frühjahr

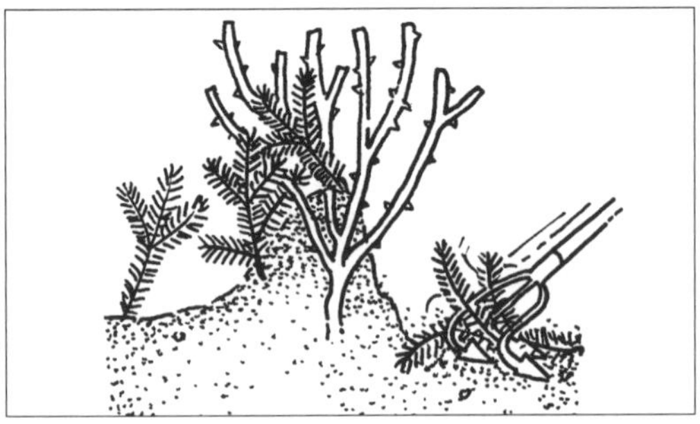

Ende März, Anfang April das

- ____________ entfernen,
  die angehäufelte ____________ verteilen.
- Hochstämme: ____________.
- ____________ entfernen.
- Pflegeschnitt ____________.

Im Sommer

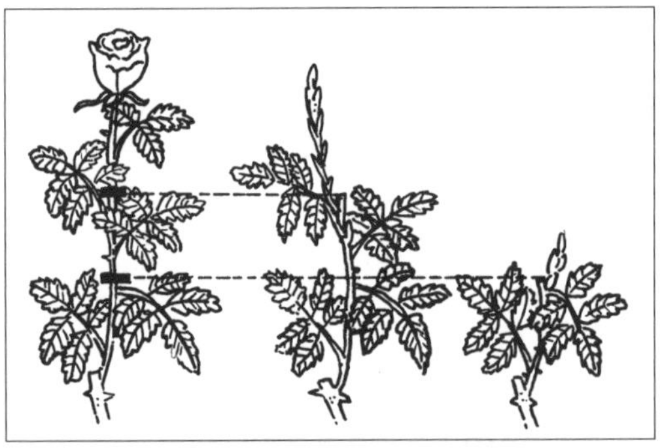

- Düngung mit speziellem ____________
  oder ____________ sowie mit Hornspänen.
- Verblühtes ____________:
  Je tiefer der Schnitt, desto länger bis zur Wiederblüte.
- Unkraut ____________.
- Mulchen, z. B. mit ____________.
- Kletterrosen ____________.

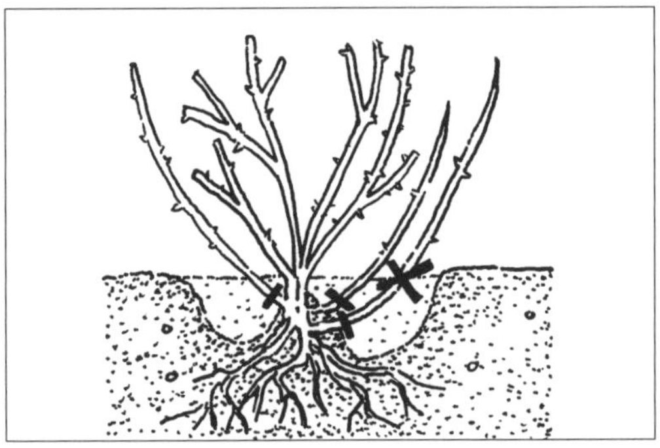

- Wildlingstriebe (7 Blätter) ____________ an der Wurzel abschneiden.

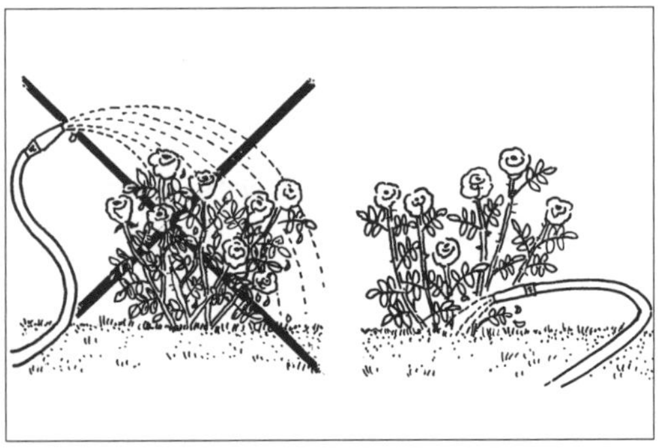

- In Trockenperioden von ____________ wässern.

Name:	Klasse:

Das Schneiden der Rosen

Grundregeln für den Pflegeschnitt

Aufgabe: Begründen Sie die Grundregeln zum Pflegeschnitt.

1. Der beste Zeitpunkt ist im März /April, weil ______________________________.

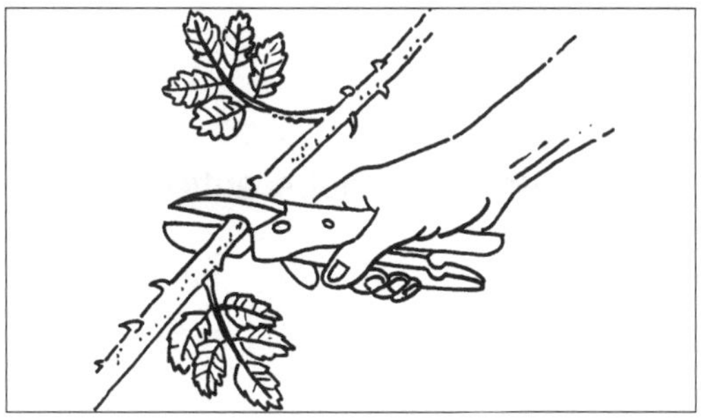

2. Die Schere muss sehr scharf sein, ______________________________.

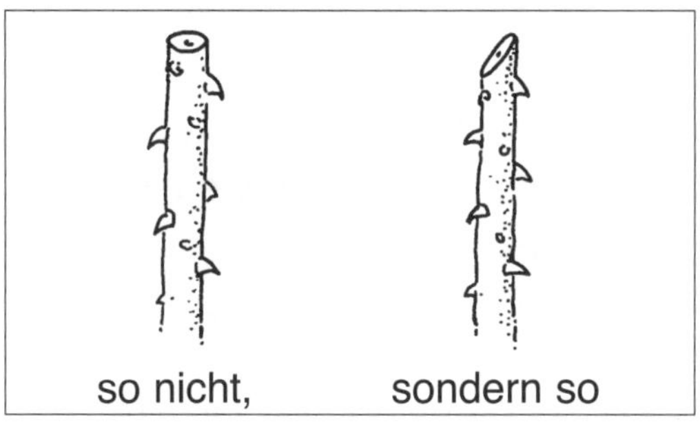

3. Es wird stets über einer nach außen zeigenden Knospe geschnitten, ______________________________.

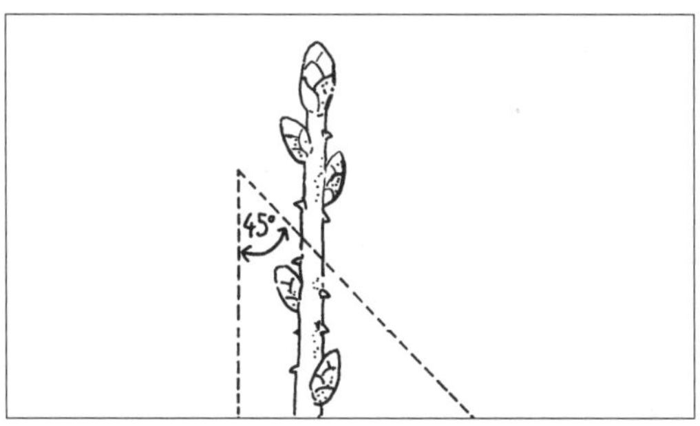

4. Der Schnitt soll ca. 5 mm über der Knospe liegen. ______________________________.

5. Die Schnittfläche so anlegen, dass sie schräg abfällt, ______________________________.

6. Erfrorenes Holz entfernen, denn ______________________________.

7. Dünne und schwache Triebe herausschneiden. ______________________________

8. Kranke Triebe bis ins gesunde Holz hinein abschneiden, ______________________________.

9. Zu dicht stehende, sich behindernde Triebe entfernen. ______________________________

Verlag Handwerk und Technik G.m.b.H., Lademannbogen 135, 22339 Hamburg; Postfach 63 05 00, 22331 Hamburg – 2009 · E-Mail: info@handwerk-technik.de Internet: www.handwerk-technik.de

Name:	Klasse:

Der richtige Schnitt

Ein starker Rückschnitt hat einen starken Zuwachs und reiche Blüte zur Folge. Schneidet man nur wenig oder gar nicht, werden weniger und schwache Triebe gebildet.

1. Beet- und Edelrosen

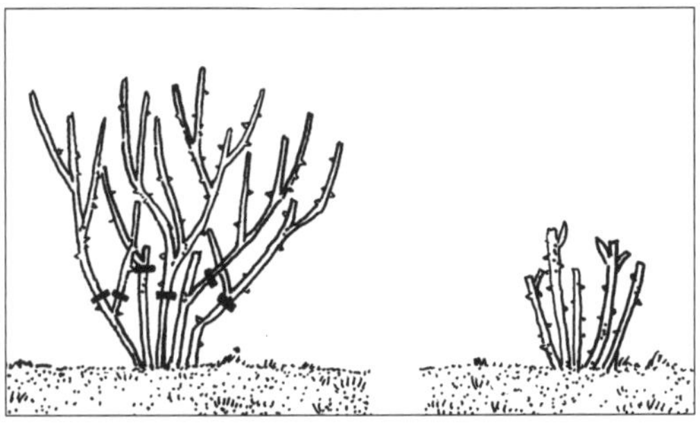

- Extreme Astgabeln,
- schwache,
- abgestorbene,
- zu dicht stehende Triebe entfernen.

2. Strauchrosen

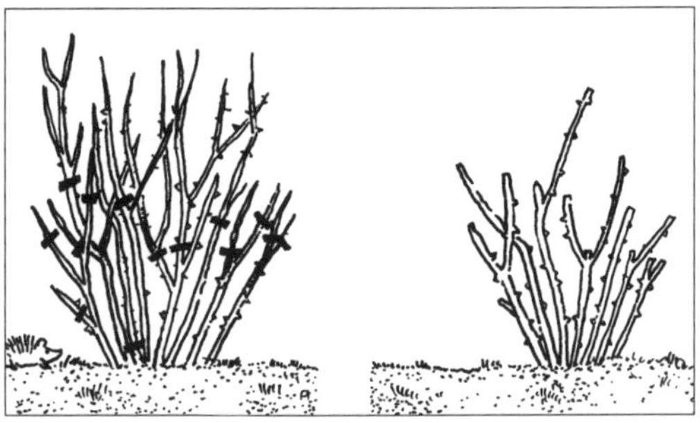

- Sie benötigen keinen jährlichen Schnitt.
- Erst nach einigen Jahren die alten Triebe entfernen.
- Bei mehrmals blühenden Sorten die verwelkten Blütenstände wegnehmen.
- Schwache Triebe auf drei bis vier Augen zurückschneiden.

3. Hochstammrosen

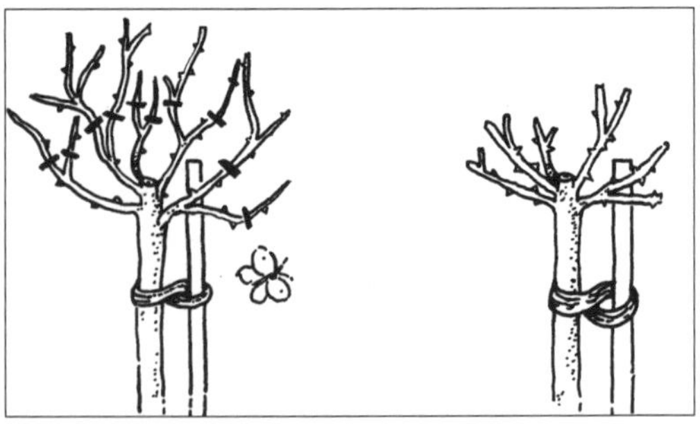

- Junge Seitentriebe auf vier Augen zurückschneiden.
- Weitere Schnittmaßnahmen dienen der Erhaltung der Krone.

4. Kletterrosen

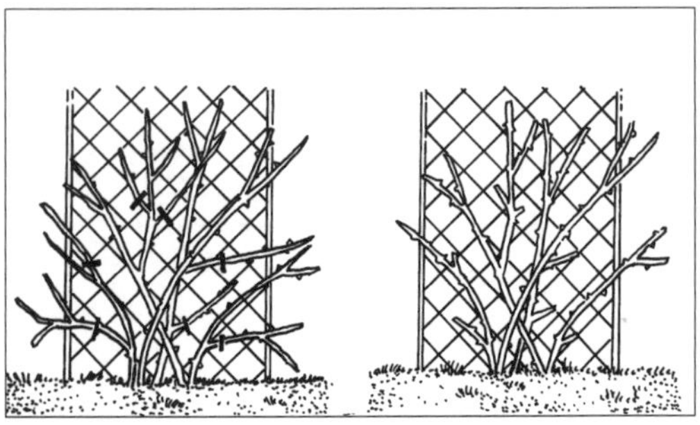

- Im Abstand von zwei bis drei Jahren die überalterten Triebe direkt am Boden entfernen.
- Jüngere Triebe nach Bedarf einkürzen.

Name:	Klasse:

Frostschutz für Rosen

Aufgabe: Setzen Sie folgende Begriffe ein:
Kniehöhe – Tannengrün – Komposterde – Frostperiode – Tannenzweige – Mist – Laub

Grundsätzlich:

3.

5.

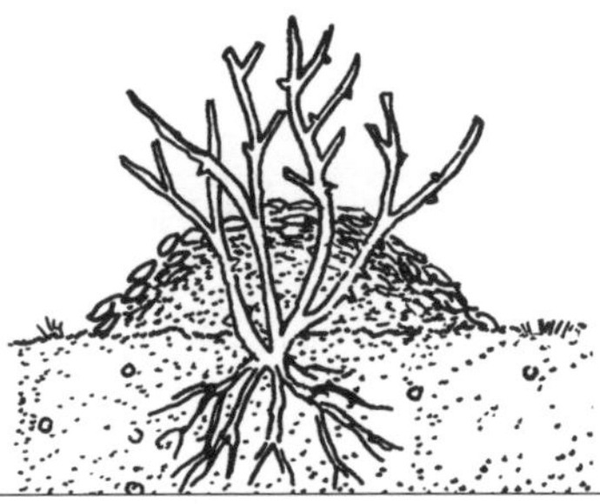

6.

1. Die Rosentriebe ausreifen lassen, den Winterschutz erst anbringen, wenn eine __________ in Aussicht steht.

2. Alte Blütenstände und Laub entfernen.

3. Beet- und Strauchrosen bis ca. __________ zurückschneiden.

4. Auch das __________ am Boden entfernen, um Pilzkrankheiten vorzubeugen.

5. Mit __________ oder trockenem __________ anhäufeln (ca. 20 cm hoch).

6. __________ zwischen die Triebe stecken.

Im Besonderen: Kletterrosen

– Kletterrosen ausreifen lassen.

– Blütenstände und Laub entfernen.

– Laub vom Boden entfernen.

– Anhäufeln.

– __________ zwischen die Triebe stecken.

Verlag Handwerk und Technik G.m.b.H., Lademannbogen 135, 22339 Hamburg; Postfach 63 05 00, 22331 Hamburg – 2009 · E-Mail: info@handwerk-technik.de Internet: www.handwerk-technik.de

Name:	Klasse:

Aufgabe: Begründen Sie die Frostschutzmaßnahmen.

Hochstammrosen

1. Laub aus der Krone und vom Boden entfernen, damit ______________________.

2. Junge Stämmchen vorsichtig herunterbiegen.
   Dabei die Biegerichtung beachten, damit ______________________.

3. Stamm mithilfe eines Hakens am Boden befestigen.

4. Krone flach auf den Boden legen und mit Gartenerde bedecken. Keine Komposterde verwenden, damit ______________________.
   Krone nicht in eine Mulde legen.

5. Stamm besonders an der Veredelungsstelle mit Stroh oder Tannengrün umwickeln, damit sie ______________________.

Ältere Hochstammrosen

1. Laub entfernen und Krone mit Stroh oder Tannengrün einpacken.

2. Luftdurchlässige Hülle, z. B. Sack, überziehen.
   Keine Plastikfolie verwenden
   -> ______________________.

3. Anhäufeln und Stamm einwickeln.

Name:	Klasse:

Ziersträucher sind nicht nur zur Zierde da

Ziersträucher werden zur Zierde, aber auch zu anderen Zwecken im Garten angepflanzt.

Aufgabe 1: Suchen Sie aus dem Gartenkatalog Ziergehölze entsprechend den Aufgaben heraus.

1. Zierde durch Blüte z. B.: ____________________
2. Zierde durch Früchte z. B.: ____________________
3. Zierde durch Berankung z. B.: ____________________
4. Zierde durch Blattschmuck z. B.: ____________________
5. Schutz durch Immergrün z. B.: ____________________
6. Schutz durch Bodenbedeckung z. B.: ____________________

Ziersträucher als freiwachsende Hecke

Als freiwachsende Hecke angepflanzte Ziersträucher bieten vielen Tieren und den Menschen Schutz und Freude.

Aufgabe 2: Berichten Sie über die Schutzfunktion der Hecken.

1. Für die Tiere:

Nistplatz für z. B. ____________________
Unterschlupf für z. B. ____________________

Nahrung für oben genannte Tiere.

2. Für die Menschen:

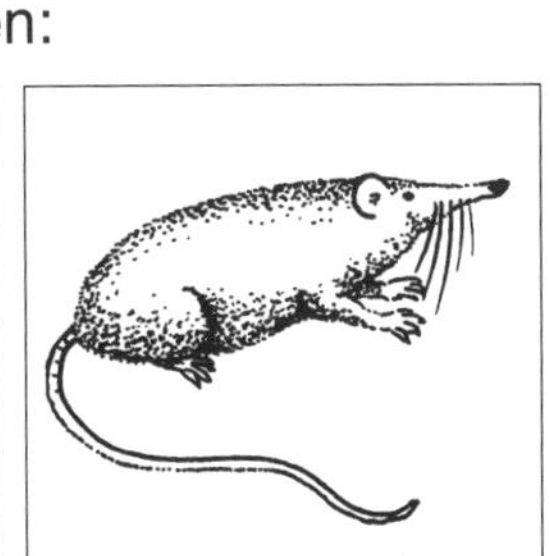

Schutz vor ____________________
Freude an ____________________
Freude an ____________________

Name:	Klasse:

Das Pflanzen von Sträuchern

Sträucher können nach dem Laubabfall im Herbst bis zum Laubaustrieb im April/Mai gepflanzt werden.

Aufgabe: Ergänzen Sie den Text.

Tätigkeit	*Arbeitsweise*	*Beachte*
1. ______ 	1. ______	
2. ______ 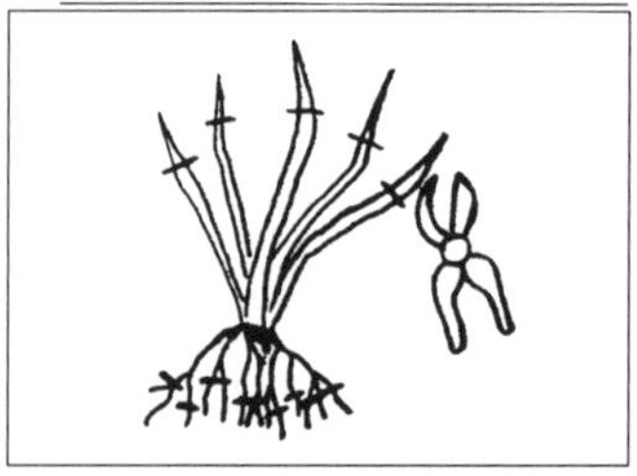	2. ______	um ein Viertel
3. ______ 	3. ca. ______ lang und breit ca. ______ tief Den Grund gut lockern und Komposterde ins Pflanzloch geben.	
4. ______ 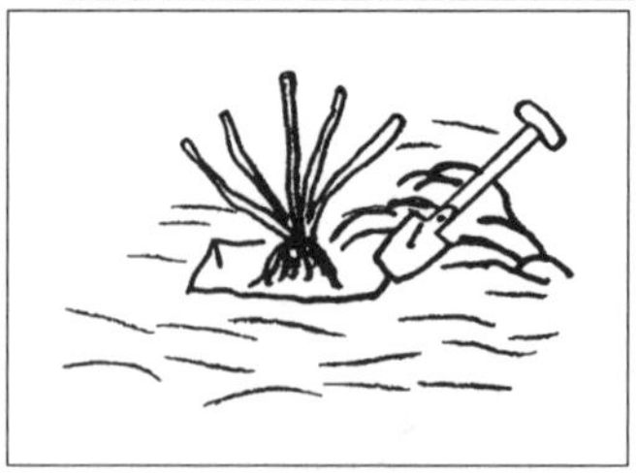	4. ______	Den Strauch dabei auf und ab bewegen, damit Erde zwischen die Wurzeln fällt. Bei Pflanzen mit Ballen das Tuch öffnen und unten einschneiden.
5. ______	5. ______	
6. ______ 	6. ______	Erde wird an die Wurzeln geschlämmt.

Name: | Klasse:

Zwiebel- und Knollenblumen kündigen den Frühling an

Um harte Winterzeiten zu überstehen, haben Blumenzwiebeln und Knollenpflanzen besondere Speicherorgane angelegt.
Je nach Art des Speicherorgans unterscheidet man vier Gruppen.

Aufgabe: Nennen Sie Blumenbeispiele und kleben Sie Abbildungen ein.

1. Zwiebel

z. B. ____________________

2. Zwiebelknolle

z. B. ____________________

3. Knolle

z. B. ____________________

4. Rhizom

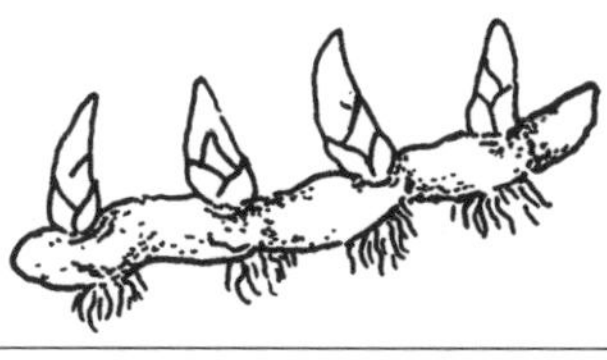

z. B. ____________________

Damit man sich an den Frühlingsboten erfreuen kann, muss man sie rechtzeitig im Herbst pflanzen. Die beste Pflanzzeit ist der September. Man kann sie aber bis in den November pflanzen.

Zwiebeln und Knollen lieben einen nährstoffreichen, aber wasserdurchlässigen Boden.

Beim Einkauf sollte man unbeschädigte und große Zwiebeln bevorzugen.

Name:	Klasse:

Das Pflanzen von Blumenzwiebeln

Die richtige Pflanztiefe ist für das Gedeihen der Pflanzen wichtig.
Als Faustregel gilt: zwei- bis dreimal so tief pflanzen, wie die Zwiebel oder Knolle hoch ist.

Für den Abstand gilt ebenfalls: zwei- bis dreimal so weit auseinander, wie sie breit sind.

In Gruppen gepflanzt wirken Blumenzwiebeln am schönsten.

Aufgabe: Beschreiben Sie das Pflanzen und die Pflege der Blumenzwiebeln.

1.

1. ______________________________
Drainage, z. B. ______________________________
____

2.
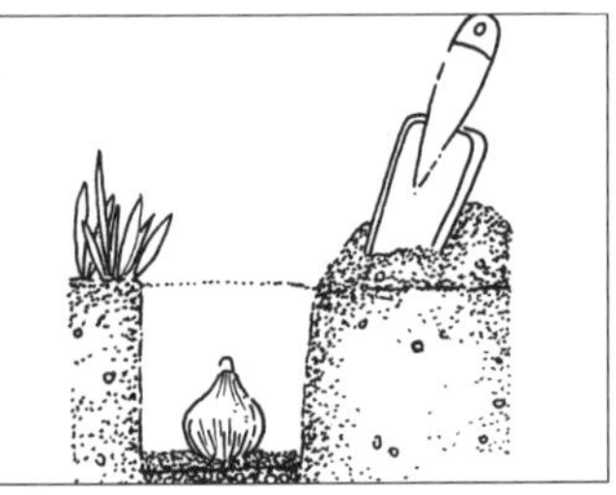

2. ______________________________
____
____

3.

3. ______________________________
____
____

Pflege:

Bei Trockenheit ______________________________.
Bei starkem Frost ______________________________.
Nach der Blüte ______________________________.

> ***Achtung:*** Einige Blumenzwiebeln enthalten hautreizende Stoffe, deshalb sollte man beim Pflanzen Handschuhe anziehen.

Tipp:

Zwiebel- und Knollenpflanzen können auch in Kästen und Schalen gepflanzt werden und so den Balkon oder die Terrasse schmücken.

- Als Drainage ist dann Blähton zu empfehlen, um das Gewicht zu verringern.
- Ein Vlies zwischen Drainage und Erdschicht verhindert, dass die Erde heruntergespült wird.
- Bei der Bepflanzung auch hier die Pflanztiefen und Gruppenbildung beachten.

Name:	Klasse:

Bepflanzte Kästen und Schalen verzieren Balkon und Terrasse

Aufgabe 1: Nennen Sie Pflanzen, mit denen Schalen und Kästen zu verschiedenen Jahreszeiten bepflanzt werden können.

Frühling: ______________________

Sommer: ______________________

Herbst: ______________________

Winter: ______________________

Aufgabe 2: Ergänzen Sie die Grundregeln zum Bepflanzen einer Schale / eines Kastens.

1. Für ______________ in der Schale oder dem Kasten sorgen.

2. Pflanzen nach ihren Ansprüchen und dem späteren ______________ auswählen.

3. Bei der Zusammenstellung ______________ und ______________ beachten.

4. Je nach Standort einen ______________ oder ______________ einplanen.

5. Durch rankende Pflanzen eine ______________ zur Schale / zum Kasten herstellen.

6. Genügend ______________ zwischen den einzelnen Pflanzen lassen, damit sie sich entwickeln können.

Name:	Klasse:

Aufgabe 3: Zeichnen Sie einen Plan für die Kastenbepflanzung.

Aufgabe 4: Zeichnen Sie den Arbeitsplatz auf.

Aufgabe 5: Ergänzen Sie den Merktext.

1.

1. Bepflanzung planen,
   Pflanzen ______________________.

2.

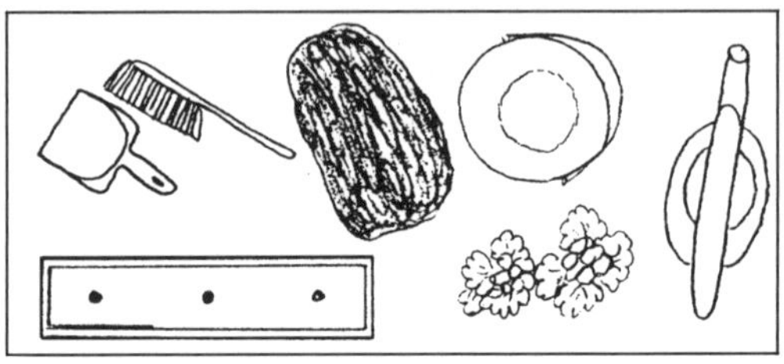

2. Arbeitsmittel am Arbeitsplatz bereitstellen:
   Kasten, Blumenerde, Gießkanne, Handfeger, Schaufel, Eimer, Drainage, Pflanzen.

3. – 5.

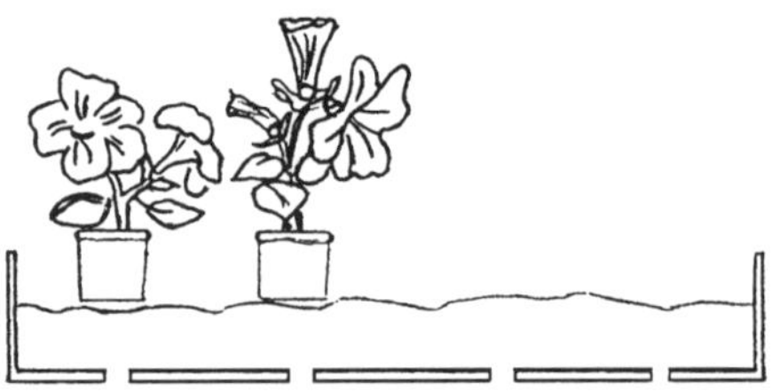

3. Für ________________________ sorgen,
   Drainage einfüllen.
4. Kasten bis zur ____________ mit Blumenerde füllen.
5. Pflanzen probeweise ____________________.

6.

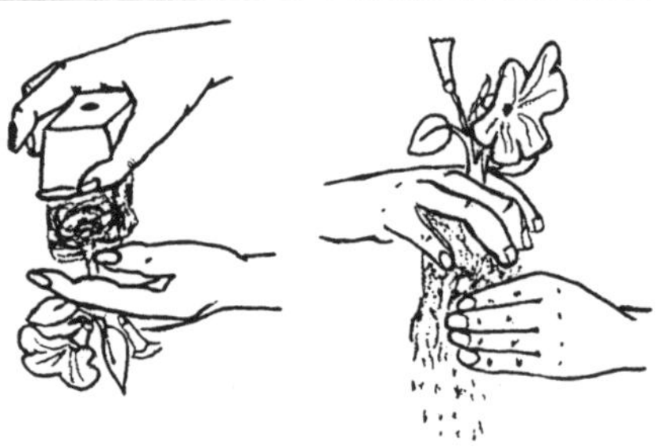

6. Pflanzen ____________________,
   Wurzelballen ________________.

7. – 9.

7. Pflanzen einsetzen.
8. Blumenerde __________________ und
   gut ____________________.
9. Pflanzen ___________________.

10. Kasten __________________ und an den richtigen __________________ bringen.

11. Arbeitsplatz ____________________.

Name:	Klasse:

Die Kastenaussaat

Aufgabe: Setzen Sie Beispiele ein und beschriften Sie die Zeichnungen.

Zur Aussaat im Kasten geeignetes Gemüse sind z. B.

____.

____

Zur Aussaat im Kasten geeignete Blumen sind z. B.

____.

____

Zur Aussaat in Töpfen geeignete Kräuter sind z. B.

____.

____

Benötigte Arbeitsmittel:

Aussaatgefäße: z .B. ______________________

Anzuchterde: z. B. ______________________

Drainage: z. B. ______________________

Hilfsmittel: z. B. ______________________

Durchführung:

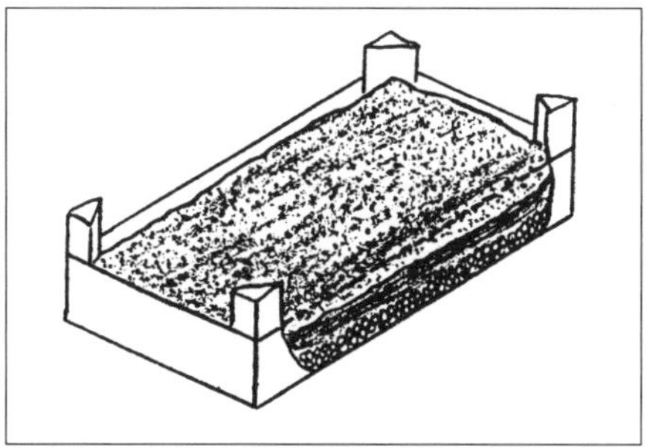

1. ______________________

2. ______________________

Name:	Klasse:

3.
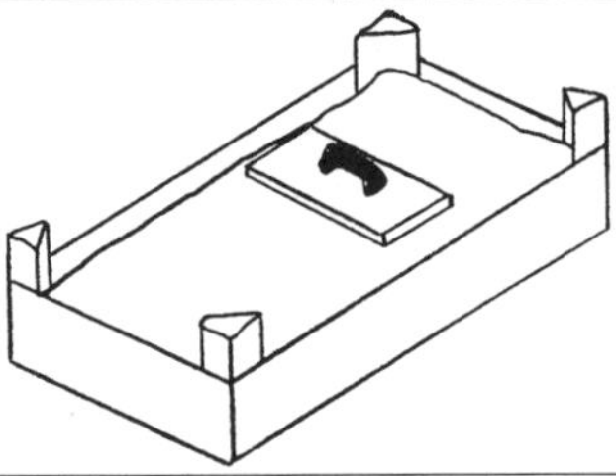

3. ______________________________

4.
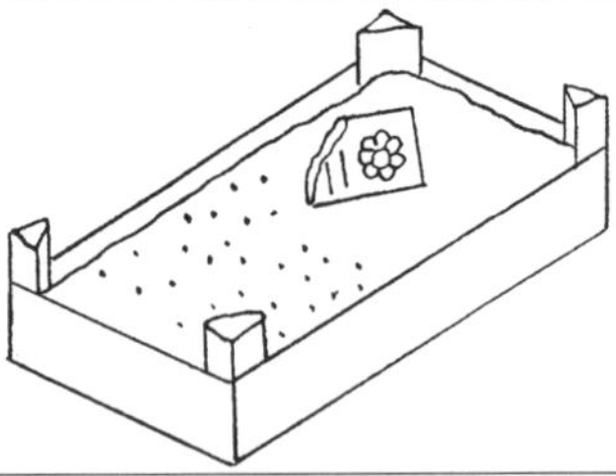

4. ______________________________
Feine Saatkörner ____________________.

5.
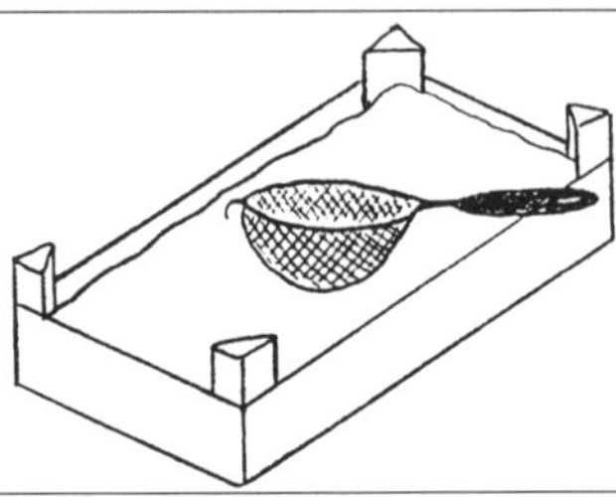

5. ______________________________
(Siehe Gebrauchsanleitung.)

6.

6. ______________________________

7.
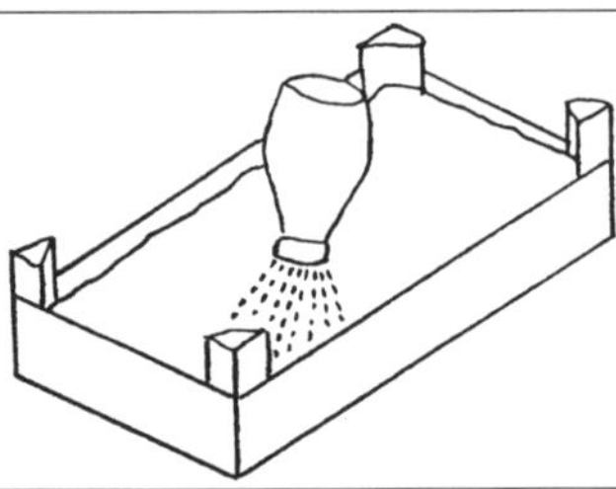

7. ______________________________

8.
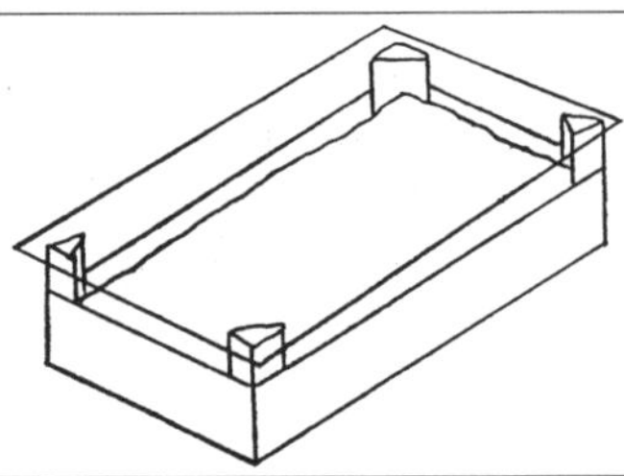

8. ______________________________
____

9. ______________________________

Pflege:

Kiste je nach Saatgutansprüchen an
- einen ____________ oder ____________ Ort stellen.
- Für ____________ oder ____________ sorgen.
- Regelmäßig ____________.

Name:	Klasse:

Das Pikieren von Kastenaussaaten

Aufgabe: Beschreiben Sie das Pikieren.

1.
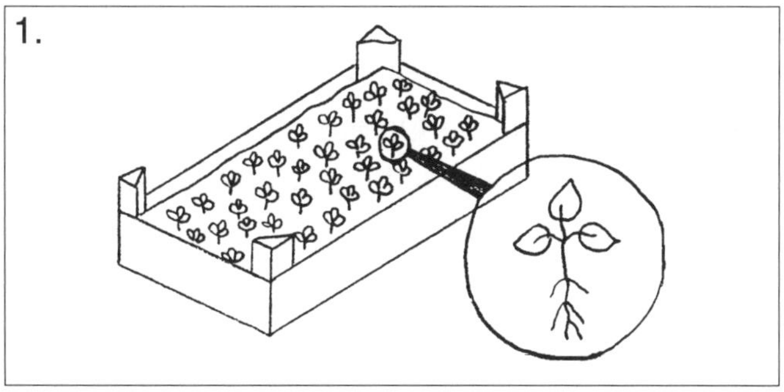

1. ______________________________

2.
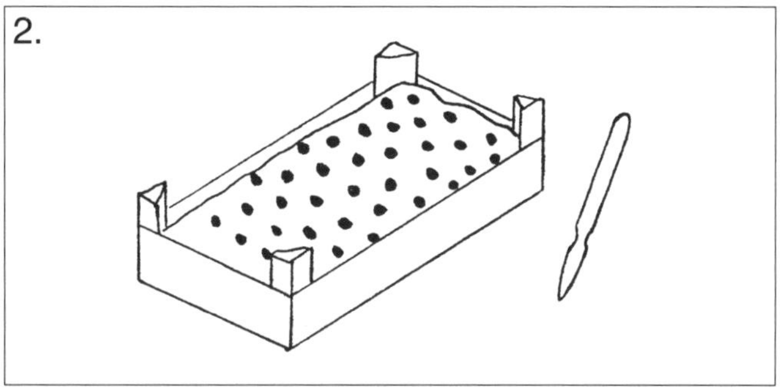

2. ______________________________

(Siehe Kastenaussaat, aber mit nährstoffhaltiger Erdmischung oder TKS II.)

3.
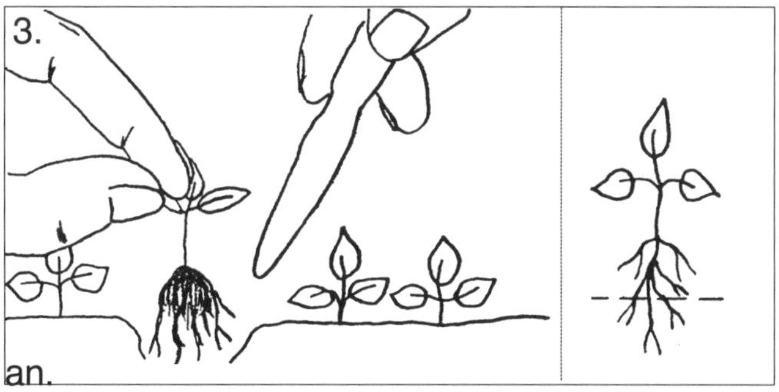

3. ______________________________

Das Kürzen der Hauptwurzel regt die Pflanze zu vermehrter Wurzelbildung an.

4.
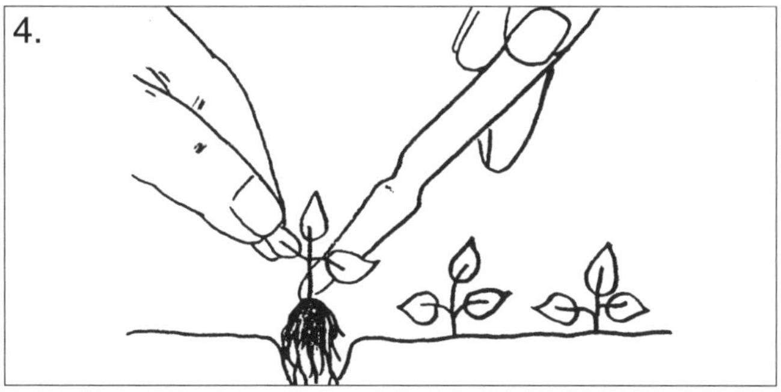

4. ______________________________

Kohl- und Tomatenpflanzen können tiefer eingesetzt werden, als sie standen. Es bilden sich am Stängel neue Wurzeln. Die Pflanzen werden kräftiger.

5.
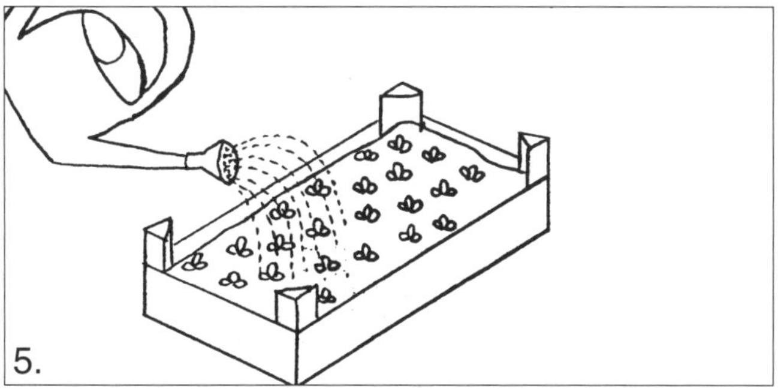

5. ______________________________

Name:	Klasse:

Herbstarbeiten im Wohngarten, auf Balkon und Terrasse

Aufgabe: Setzen Sie folgende Begriffe ein:

Rosen – Igel – Stauden – Einjährige Sommerblumen – Tulpen – Dahlien – Ziersträucher – Rasen – Blumenzwiebeln – Gladiolen – Osterglocken – Krokusse – Kübelpflanzen – Winterquartier – Balkonkästen – Zweijährige Sommerblumen – Knollenpflanzen – Gartenteich – Gartengeräte – .

1. ______________________________ entfernen.
2. ______________________________ umpflanzen und abdecken.
3. ______________ z. B. ______________________ einsetzen.
4. ______________ z. B. ____________________ ausgraben und einwintern.
5. __________ schneiden, einen Teil der Samenstände als Vogelfutter stehen lassen. Große Stauden teilen. Neue Stauden pflanzen.
6. ____________ schneiden, anhäufeln, vor Frost schützen.
7. ______________ schneiden. Ziersträucher pflanzen.
8. ___________ das letzte Mal im Oktober mähen und vom Laub befreien.
9. Mehrjährige ______________ zurückschneiden und ins ______________ bringen.
10. ________________ entleeren und reinigen oder neu bepflanzen.
11. Reisig- und Laubhaufen als Winterquartier für __________ liegen lassen.
12. ______________ winterfertig machen.
13. _____________ von Laub befreien und für Lüftung sorgen.

Name:	Klasse:

Grundregeln zum Aussäen

Aufgabe 1: Ergänzen Sie den Text.

Aufgabe 2: Begründen Sie die Regeln.

In ____________ aussäen.

____

Die Rillen nicht ____________, sondern ____________ ziehen.

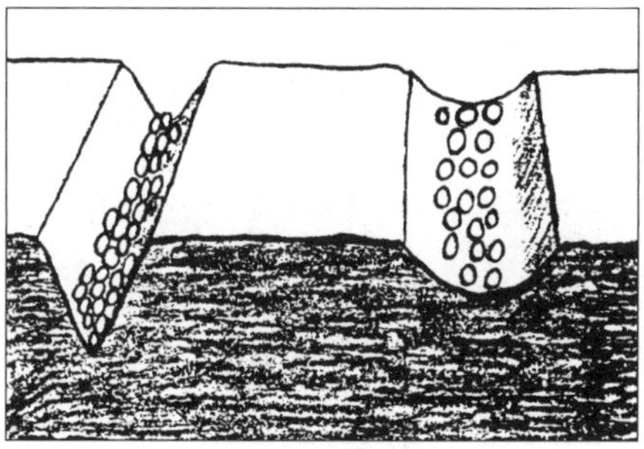

Damit ____________________.

____

Den richtigen Reihenabstand beachten.

____

____

Nicht zu ____ säen (das Doppelte des Samenkorns an Erde überstreuen).

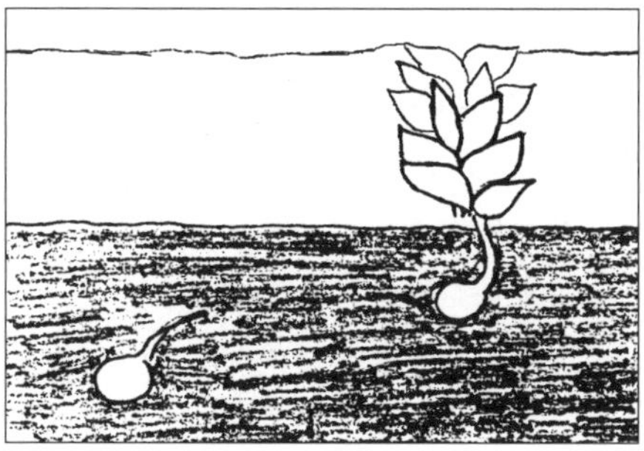

Damit ____________________.

____

Nur leicht ____________ (Harke).

Erdkontakt herstellen, ____________.

Nicht zu ____________ säen.

____

____

Feines Saatgut mit Sand mischen.

____

Verlag Handwerk und Technik G.m.b.H., Lademannbogen 135, 22339 Hamburg; Postfach 63 05 00, 22331 Hamburg – 2009 · E-Mail: info@handwerk-technik.de Internet: www.handwerk-technik.de

Name:	Klasse:

Das Aussäen von Gemüse

Aufgabe 1: Beantworten Sie die Fragen und geben Sie Beispiele.

Aufgabe 2: Begründen Sie Ihre Antworten.

Wann können wir säen?

Nach dem 1. Sonnentag:

Sobald der Boden sich ______________ hat.

Im April säen wir:

____

____

Ab Mitte Mai säen wir:

____

____

Begründung:

____

____

Nach dem 14. Sonnentag:

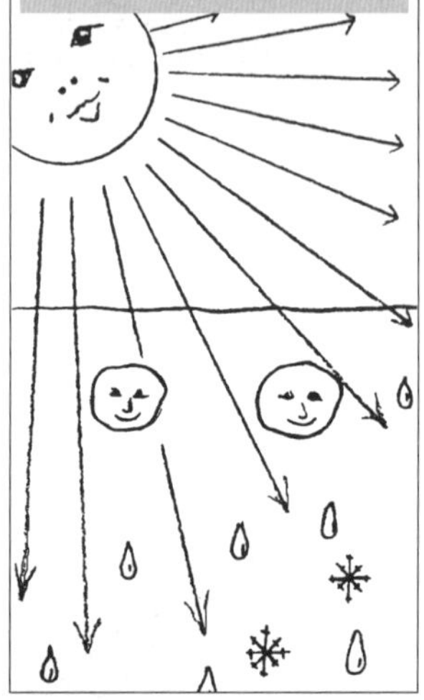

Aufgabe 3: Füllen Sie die Lücken.

Wie bereiten wir den Boden vor?

1. Boden mit dem ______________________ oder ________________ lockern.
2. Mit einer ______________ den Boden glatt und feinkrümelig machen.
3. Das Beet mit Schritten oder mithilfe eines ______________________ abmessen.
4. Die Beetbreite (________________) mit der __________________ markieren.
5. An der ______________________ entlang den Weg (__________ cm) festtreten.
6. Mit einem ________________ oder ____________________ Reihen ziehen.

Name:	Klasse:

Grundsätze zum Pflanzen

Aufgabe 1: Setzen Sie folgende Begriffe in den Text ein:

kräftige – hoch – tief – groß – gießen – zuerst – abends – trüben – gießen – vermeiden – wässern – formen – angießen – andrücken – Pflanze erstickt – Pflanze kippt um – Komposterde – gesunde

1. An ______________ Tagen oder ______________ pflanzen.
2. Nur ______________ und ______________ Pflanzen verwenden.
3. Pflanzen vorher ______________ oder über Nacht ______________.
4. Pflanzloch ______________ genug ausheben.
5. Soll ein Pfahl die Pflanze stützen, so kommt er ______________ ins Pflanzloch.
6. Pflanzloch eventuell vorher ______________.
7. Möglichst ______________ ins Pflanzloch geben.
8. Nicht zu ______________ pflanzen, ______________.
9. Nicht zu ______________ pflanzen, ______________.

Falsch

Falsch

Richtig: Wurzelhals mit Erde bedeckt. Blätter über der Erdoberfläche.

10. Pflanze gut ______________.
11. Hohlräume ______________.
12. Gießrand ______________.
13. Kräftig ohne Brause ______________.

Name:	Klasse:

Die richtige Pflanztiefe

Aufgabe 1: Erklären Sie die Abbildungen.

Aufgabe 2: Berichten Sie über die Folgen.

1.

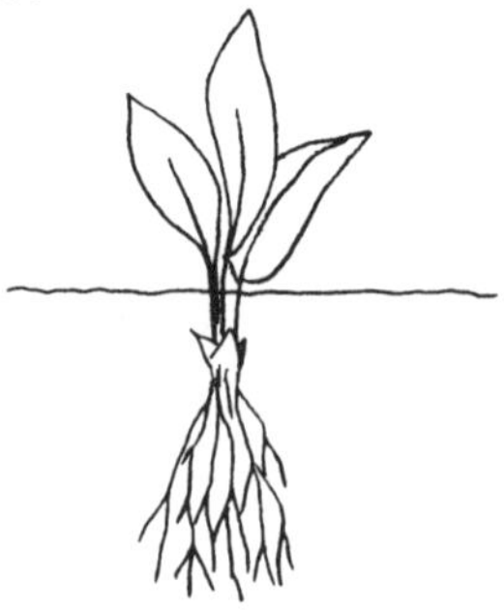

1. ______________________________

Folge: ______________________________

2.

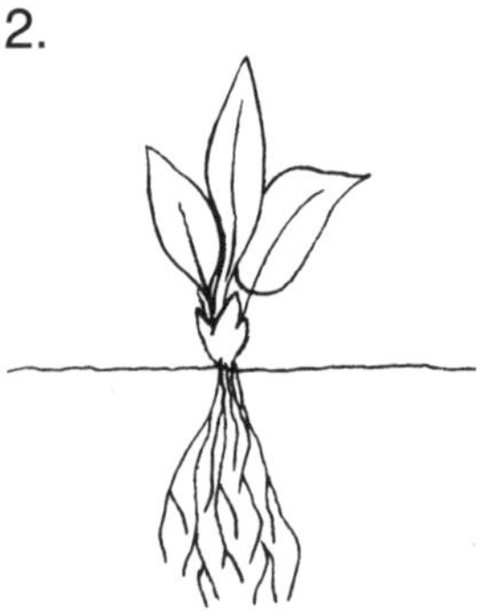

2. ______________________________

Folge: ______________________________

3.

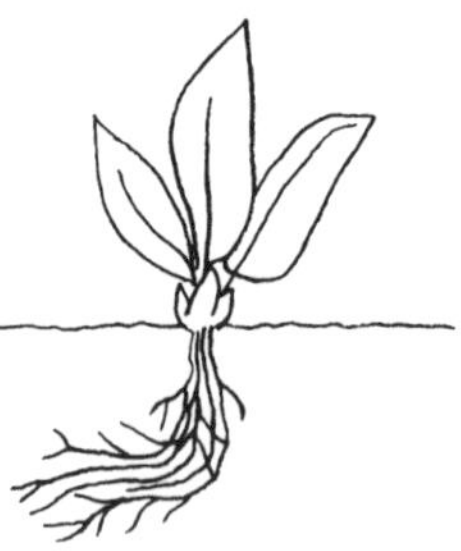

3. ______________________________

Folge: ______________________________

4.

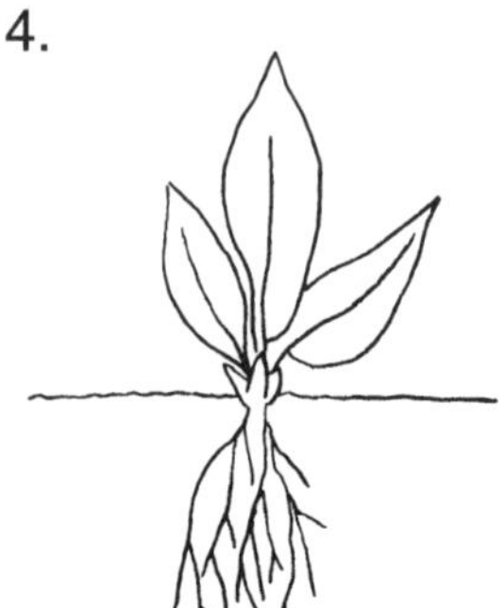

4. ______________________________

Folge: ______________________________

Name:	Klasse:

Ein Erdbeerbeet bringt leckere Früchte

1. Ansprüche

Stellen Sie sich eine Waldlichtung vor, schon sind Ihnen die Ansprüche der Erdbeerpflanzen an ihren Standort bekannt.

Aufgabe 1: Beschreiben Sie die Ansprüche der Erdbeerpflanzen.

Boden: ______________________________

____

Standort: ______________________________

____

2. Sorten

Je nach Erntezeitpunkt unterscheidet man folgende Sorten:

frühe Mitte Juni	mittelfrühe Ende Juni – Mitte Juli	späte Juli – Frost
z. B. ____________	z. B. ____________	z. B. ____________
____________	____________	____________
____________	____________	____________
____________	____________	____________

Aufgabe 2: Suchen Sie Beispiele für die verschiedenen Sorten aus dem Gartenkatalog heraus.

3. Pflanzzeit

Die beste Pflanzzeit ist Ende Juli bis Ende August.
Je früher, desto besser können die Jungpflanzen anwachsen und umso mehr Blütenknospen werden für die nächste Ernte gebildet.

Name:	Klasse:

4. Jungpflanzengewinnung bei Erdbeerpflanzen

Aufgabe 3: Kennzeichnen Sie die Jungpflanze, die zur Neuanlage des Erdbeerbeetes verwendet wird.

Aufgabe 4: Zeichnen Sie den Ballen bei dieser Jungpflanze ein.

Aufgabe 5: Setzen Sie folgende Begriffe in den Text ein.
gepflanzt – einjährigen – Spaten – Erde – Ausläufer – Ballen – Verbindung – Anlage – Kiste

Erdbeerpflanzen bilden nach der Ernte oberirdische ________________.

Diese eigenständigen Pflanzen können zur ______________ eines neuen Erdbeerbeetes verwendet werden.

Zur Neuanlage sind nur die Ausläufer der __________________ Erdbeerpflanzen geeignet.

Zur Gewinnung wird die _________________ mit einem _______________ durchtrennt.

Die Jungpflanzen werden herausgenommen und die __________ um die Wurzeln zu einem ___________ gedrückt.

Die so gewonnenen Jungpflanzen werden in eine _________ gesetzt und möglichst sofort in das vorbereitete Erdbeerbeet _________________.

Name:	Klasse:

5. Die Anlage eines Erdbeerbeetes

5.1 Beetvorbereitungen

Siehe Seite 80 Aufgabe 3 (Beetvorbereitung) und Seite 83 1. Ansprüche.

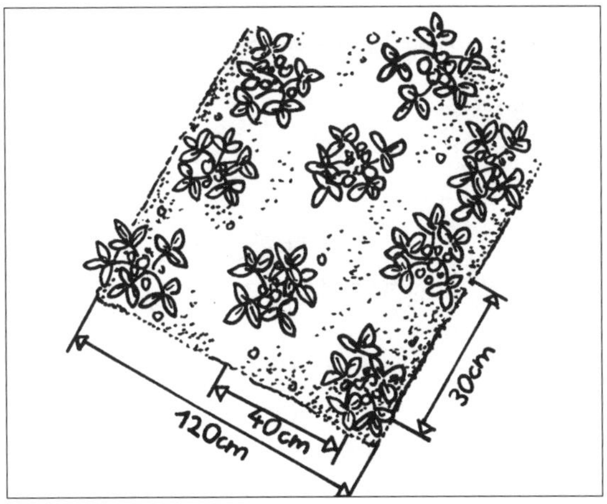

Auf einem 1,20 m breiten Beet können bei einjähriger Kultur drei Reihen gepflanzt werden.
Der Reihenabstand beträgt: ________________.
Der Pflanzabstand beträgt: ________________.
Es wird versetzt gepflanzt.
Im 2. Anbaujahr wird die mittlere Reihe entfernt.

5.2 Pflanzung

Siehe Seite 82 und Seite 86.
Zur Krankheits- und Schädlingsvorbeugung empfiehlt sich das Zwischenpflanzen von Porree, Zwiebeln oder Knoblauch.

6. Die Ernte der Erdbeeren

Aufgabe 1: Ergänzen Sie den Text.

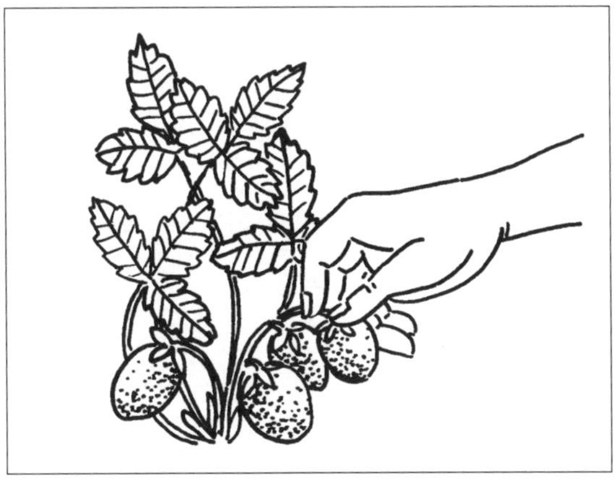

Erdbeeren möglichst ________________ mit ____________ und ________________ pflücken.
Die geernteten Früchte ________________ lagern.

7. Die Pflege der Erdbeerkultur

Aufgabe 2: Schließen Sie die Lücken im Text zur Pflege der Erdbeeren.

7.1 Zwischen den Reihen mulchen, z. B. mit ________________________________.
7.2 Bei Trockenheit ________________.
7.3 Vom Grauschimmel befallene Pflanzenteile ________________ und ________________.
7.4 Nach der Ernte die ________________________ abnehmen.
7.5 Im Herbst mit verrottetem ______________ oder grobem ________________ düngen.
7.6 Schädlings- oder Krankheitsbefall nach Gebrauchsanweisung bekämpfen.

Name:	Klasse:

Das Pflanzen von Erdbeeren

Die Pflanzung erfolgt in den Abendstunden oder bei trübem Wetter.

Aufgabe 1: Beschreiben Sie die Arbeitsschritte beim Pflanzen der Erdbeeren.

Aufgabe 2: Geben Sie an, was Sie beim Pflanzen beachten.

	Arbeitsschritte	Beachte
1. 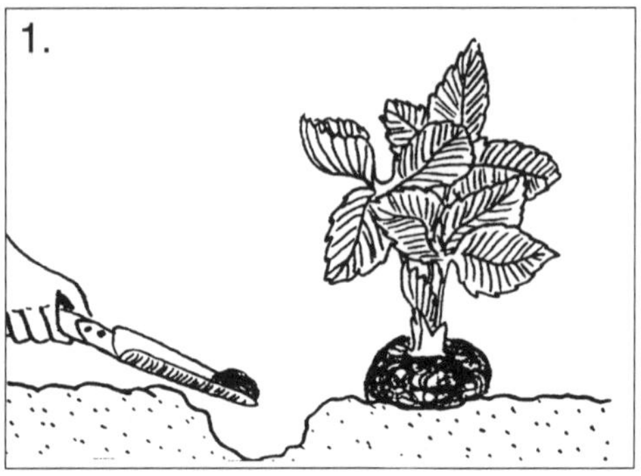	1. – – –	
2. 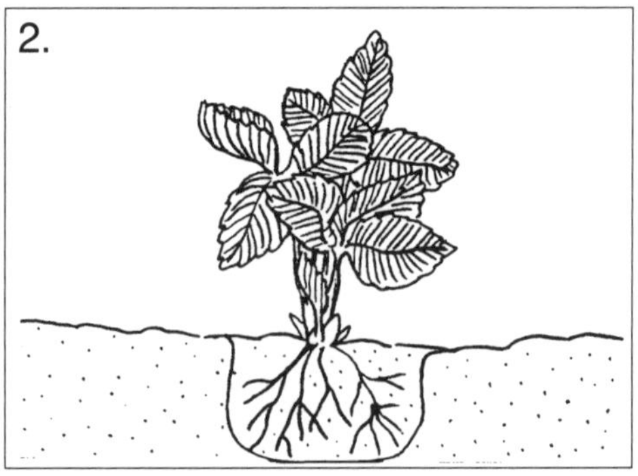	2. – –	
3. 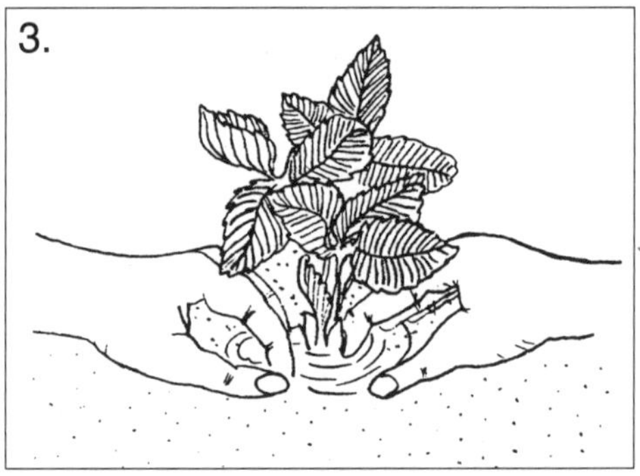	3. – –	
4. 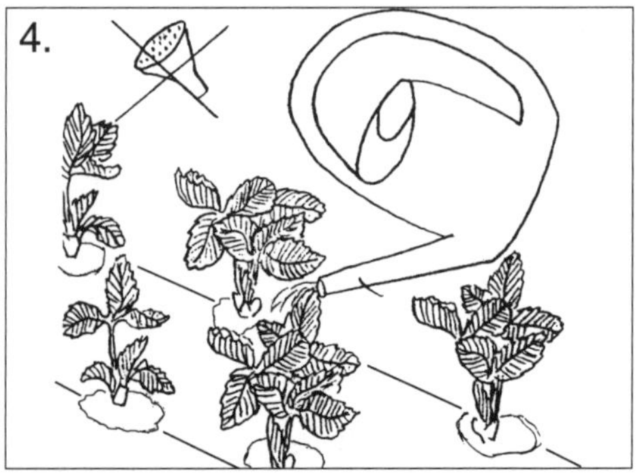	4. –	

Name:	Klasse:

Die Kultur von Tomaten

Aufgabe: Vervollständigen Sie die Texte.

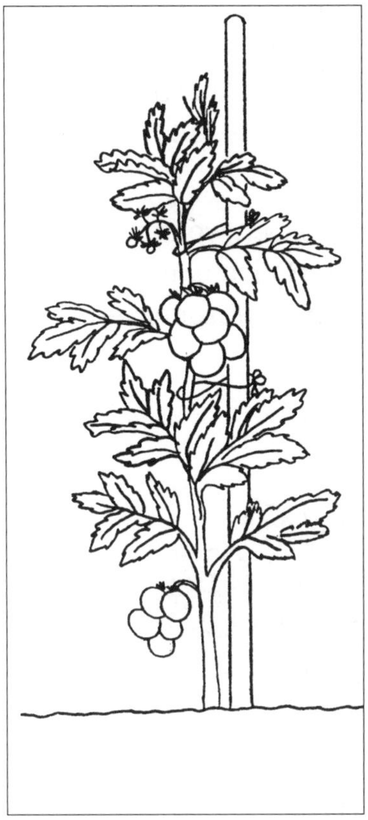

1. Ansprüche

Tomaten mögen einen humushaltigen gut gedüngten __________ .
Sie lieben ____________ im Wurzelbereich, aber nicht an den Blättern und __________ .

2. Das Tomatenbeet

Tomaten möglichst einreihig in ______ - ______-Richtung anpflanzen.
Soll zweireihig gepflanzt werden, ist ein Abstand von ____ m zwischen den Reihen notwendig, damit die Früchte genügend ____________ bekommen.
Der Abstand zwischen den Pflanzen soll _____ bis _____ cm betragen.
Die großen Zwischenräume können mit __________ oder ________ ausgefüllt werden.
Diese Pflanzen tragen zur Gesunderhaltung der Tomaten bei.

3. Pflanzen

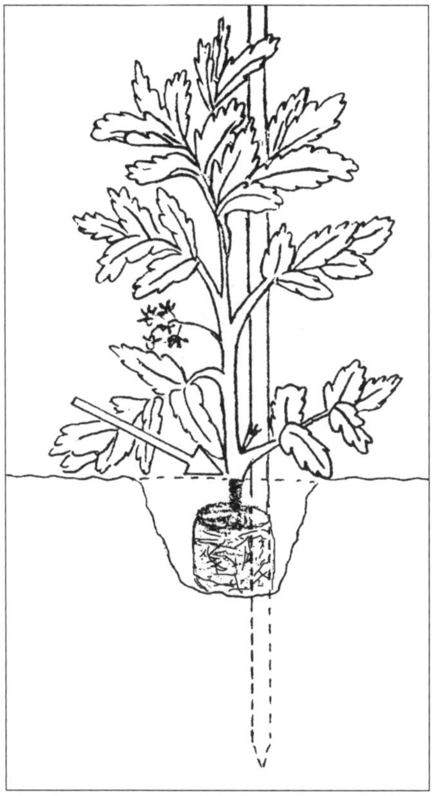

Ab __________ können die Tomaten in das gelockerte, mit ______________ verbesserte Beet gepflanzt werden.
Es kann auch ______________ in die Pflanzlöcher gegeben werden.
Um die Wurzelbildung zu fördern, werden die Pflanzen bis zur ersten ______________ ins Pflanzloch gesetzt.
Tomaten bilden bei Berührung mit Erde am Stamm weitere __________ .

Verlag Handwerk und Technik G.m.b.H., Lademannbogen 135, 22339 Hamburg; Postfach 63 05 00, 22331 Hamburg – 2009 · E-Mail: info@handwerk-technik.de Internet: www.handwerk-technik.de

Name:	Klasse:

4. Pflege der Tomaten

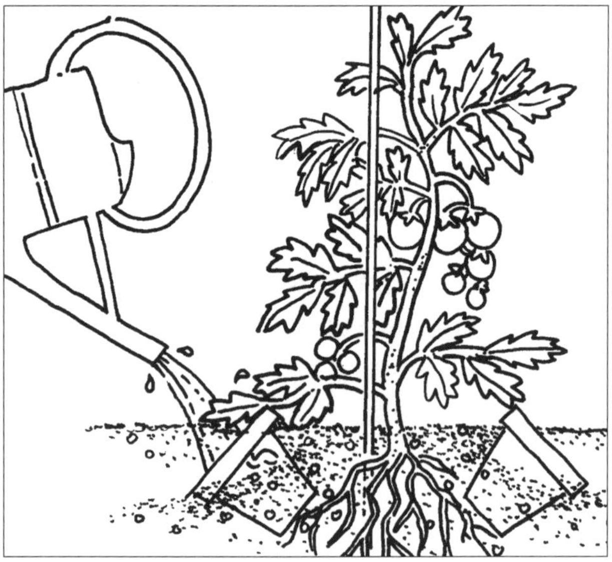

Gießen

Damit die jungen Tomatenpflanzen im Wurzelbereich mit Wasser versorgt werden können, werden beim Einpflanzen gleich ein bis zwei ________________ pro Pflanze mit eingegraben.

Damit nicht so oft gegossen werden muss, empfiehlt es sich, den Boden unter den Tomaten zu mulchen bzw. abzudecken, z. B. mit ________________________________

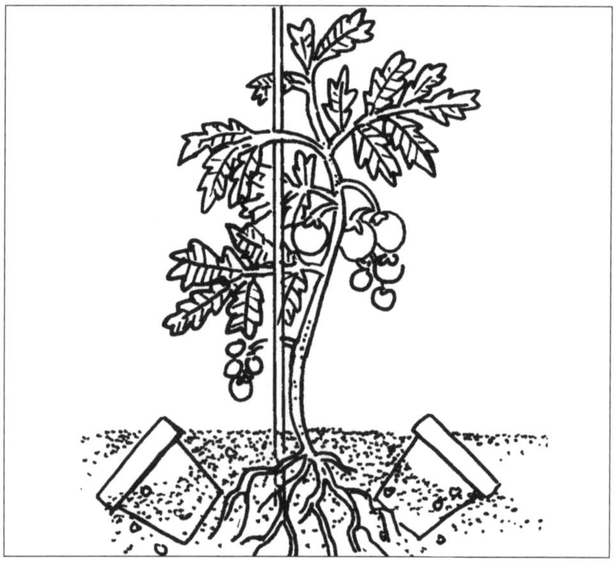

Untere Blätter entfernen

Die unteren Blätter werden bis auf ______ cm Höhe entfernt, um Pilzkrankheiten vorzubeugen.

Geiztriebe entfernen

Bis in den August hinein müssen einmal wöchentlich die Achseltriebe ____________ werden.
Sie entziehen den Pflanzen sonst Nährstoffe.

Anbinden

Ebenfalls wöchentlich werden die Tomatenpflanzen ______________________ am Stab angebunden.

Name:	Klasse:

Die Kultur von Kohlrabi

Aufgabe: Setzen Sie folgende Begriffe in die Textlücken ein:

Feuchtigkeit – Kompost – Mischkultur – Mist – 30 bis 40 cm – im Juni – platzen – besonderen – holzig – runden Kugeln

Kohlrabi stellt keine ____________________ Ansprüche an den Boden.

Im Herbst davor arbeiten wir ____________ unter oder wir geben ____________ direkt vor dem Aussäen bzw. Auspflanzen auf das Beet.

Kohlrabi ist der ideale „Lückenfüller“.

Um ständig Pflanzen für Beetlücken zur Verfügung zu haben, sollten wir mehrmals kleinere Aussaaten bzw. Auspflanzungen vornehmen. Der letzte Aussaattermin ist ____________. Kohlrabi eignet sich gut als Zwischenpflanzung (____________) zwischen Gurken und Tomaten. Die Pflanzabstände sollen ________________ betragen.

Pflanzen wir zu eng, entstehen keine ____________ ____________, sondern „Langhälse“. Misserfolge gibt es häufig bei zu kaltem Anzuchtwetter oder großen Temperatur- und Feuchtigkeitsschwankungen. Folge: Die Knollen ____________ oder werden ____________. Bei Trockenheit müssen wir also für gleichmäßige ________________ sorgen.

Mangelhafte Knollenbildung ist auch auf falsche Sortenauswahl zurückzuführen.

Weiße Sorten entwickeln sich schneller und sind anfälliger gegen Nässe und Kälte als die blauen.

Für die Frühlings- oder Kastenaussaat eignen sich z. B.: „Braro“ (Rogglis Blauer Treib- und Freiland), „Lanro“ (Rogglis Weißer Freiland). Gute Sommer- und Herbstsorten sind z. B.: „Delikatess Weiß“, „Delikatess Blau“, „Blauer Speck“.

Name:	Klasse:

Das Pflanzen von Porree und Sellerie

Aufgabe 1: Ergänzen Sie den Text.

________ benötigt einen ________________ Boden. Im Herbst graben wir deshalb __________ unter oder pflanzen ihn im Frühjahr in ein mit ________________ gefülltes Pflanzloch.
Wir unterscheiden Sommer- und ________ porree. Der Sommerporree wird im ________ bis ________ gepflanzt. Der _______________ wird bis Anfang August gepflanzt.
Der Reihenabstand beträgt ________ bis ________ cm.
In der Reihe soll der Abstand zwischen den Pflanzen ca. ________ cm betragen.
Damit ein langer, weißer Schaft entsteht, pflanzen wir den Porree möglichst tief, z. B. in _______________ .

_________ bevorzugt einen feuchten, humusreichen __________ .
Sellerie kann ab ____________ (nach den Eisheiligen) gepflanzt werden.
Für die Einwinterung ist die beste Pflanzzeit Anfang _________ .
Der Reihenabstand soll ________ cm betragen.
In der Reihe pflanzen wir ebenfalls im Abstand von ________ cm; denn die Pflanzen brauchen genügend __________ , um große __________ bilden zu können.
Sellerie gehört zu den Flachwurzlern und darf deshalb nur ganz __________ gepflanzt werden. Ab Juli dürfen wir im Selleriebeet nicht mehr hacken, weil wir sonst die _____________ zerstören.

Aufgabe 2: Zeichnen Sie das Sellerie-Porree-Beet.

Name:	Klasse:

Frische Kräuter aus unserem Garten

Aufgabe 1: Geben Sie Beispiele für die Aussagen über Kräuter an.

Kräuter verbessern den Geschmack vieler Speisen, z. B. ____________________
- liefern wertvolle Vitamine und Mineralstoffe, z. B. ____________________
- geben den Speisen eine frische Farbe, z. B. ____________________
- wirken appetitanregend, z. B. ____________________
- erhöhen die Bekömmlichkeit der Speisen, z. B. ____________________

Man unterscheidet einjährige (•), zweijährige (••) und mehrjährige ♃ Kräuter.

einjährig:
- im Frühjahr aussäen
- im Sommer ernten
- im Herbst entfernen

zweijährig:
- im Frühjahr aussäen
- im Sommer ernten
- im Winter abdecken, z. B. mit ____________________
- im zweiten Jahr nochmals ernten
- nach der Blüte im 2. Jahr entfernen

mehrjährig: (Staude)
- im Frühjahr aussäen oder pflanzen
- im Sommer ernten
- im Herbst zurückschneiden (Die Hälfte der Samenstände als Vogelfutter stehen lassen.)
- vor starkem Frost schützen
- in den folgenden Jahren ernten und pflegen

Aufgabe 2: Kreuzen Sie an, zu welcher Art die Kräuter gehören.

____

Namen	einjährig (•)	zweijährig (••)	mehrjährig ♃
Petersilie			
Dill			
Schnittlauch			
Bohnenkraut			
Borretsch			
Zitronenmelisse			
Estragon			
Maggikraut			
Basilikum			
Kresse			
Majoran			
Kerbel			
Beifuß			
Pfefferminze			
Salbei			

Verlag Handwerk und Technik G.m.b.H., Lademannbogen 135, 22339 Hamburg; Postfach 63 05 00, 22331 Hamburg – 2009 · E-Mail: info@handwerk-technik.de Internet: www.handwerk-technik.de

Name:	Klasse:

Ernte

Kräuter sollen vor der Blüte geerntet werden, weil ihre Würzkraft dann am stärksten ist. Während des Sommers wird die benötigte Menge täglich frisch abgeschnitten. Für den Vorrat werden die Kräuter bei trockenem Wetter geerntet.

Aufbewahrung und Vorrat

Frische Kräuter kann man für einige Tage ins Wasser stellen oder gewaschen in einer Plastiktüte im Kühlschrank aufbewahren.

Aufgabe 3: Ergänzen Sie den Text.

1. *Einfrieren,* z. B. __________

____

– gründlich __________ ,
– __________ trockentupfen,
– __________ ,
– portionsweise __________ .

2. *Trocknen,* z. B. __________
– Eventuell __________ und abtrocknen.
– Entweder bündeln und __________ oder an einem luftigen, schattigen __________ dünn __________ .
– Trockene Blätter von den Stängeln __________ .
– Trockenkräuter in fest verschlossenen dunklen __________ aufbewahren.

3. *Einlegen in Essig oder Öl,* z. B. __________
– Kräuter __________ und gründlich __________ , eventuell __________ , in eine Flasche geben, mit __________ oder __________ bedecken und ca. drei Wochen an einem kühlen, dunklen Ort __________ . Kräuteressig und -öl sind beliebte Geschenke für Hobbyköche.

Für die Kräuterversorgung im Winter kann man die Kräuter in Töpfen und Kisten auf der Fensterbank heranziehen. Siehe dazu Seiten 75.

Name:	Klasse:

Eine Kräuterspirale bietet jedem Kraut den passenden Lebensraum

1. Standortauswahl
- sonnig
- in der Nähe der Küche

2. Größe
- je nach Wunsch und Platzangebot
- für vier Personen ca. 4 m^2
- ca. 60 – 80 cm hoch
- Der Teich soll 1/4 – 1/3 der Gesamtfläche einnehmen.

3. Baumaterial

Aufgabe 1: Geben Sie Beispiele für die Baumaterialien an.

Mauer z. B.: ____________

Füllmaterial z. B.: ____________

Pflanzerde z. B. oben: ____________

z. B. Mitte: ____________

z. B. unten: ____________

Teich z. B.: ____________

Mulch z. B.: ____________

Kräuter z. B.: ____________

4. Bauanleitung

Aufgabe 2:

Ergänzen Sie die Bauanleitung.

4.1 Grundriss ____________ abstecken.

4.2 ____________ und ____________ entfernen.

Name:	Klasse:

Aufgabe 2: Ergänzen Sie die Bauanleitung.

4.3 Steine zu einer ___________ aufschichten. An der ___________ soll die Mauer am höchsten angelegt sein, damit sie viel Sonnenwärme speichern kann.

4.4 Die __________________ mit dem Füllmaterial auffüllen.

4.5 Die Pflanzenerde aufbringen:
oben – kalkhaltig, Mitte – nährstoffreich, unten – sauer

4.6 Den ________________ am Fuße der Spirale formen. Wasser einfüllen.

5. Bepflanzung

Aufgabe 3: Geben Sie Kräuterbeispiele für die jeweilige Zone an.

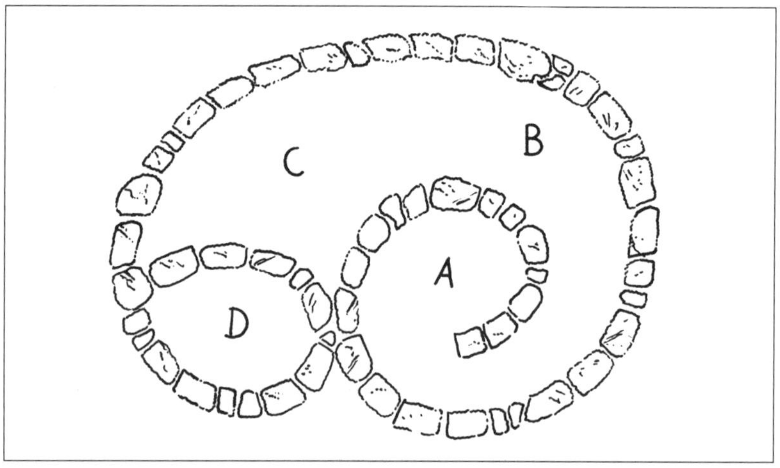

A: „Mittelmeerzone“
z. B. ______________________
____

B: „Normalzone“
z. B. ______________________
____
____

C: „Feuchtzone“
z. B. ____

D: „Wasserzone“
z. B. ____

6. Pflege

Aufgabe 4: Beschreiben Sie die Pflege der Kräuter.

- ______________ • ______________ • ______________
- ______________ • ______________
- ______________ • ______________
- ______________

Name:	Klasse:

Das Schneiden von Beerensträuchern

Aufgabe 1: Setzen Sie folgende Begriffe in die Lücken ein.

hellen – Astschere – außen – dicht – innen – kranken – wenigen – Viertel – eng – kreuzenden – Lücke – Säge – Sonnenstrahlen – gut – Blütenknospen – 4 °C – Krankheiten – Verzweigung – dick – schwachen

Grundregeln

Für einen guten Ertrag und die Gesundheit der Beerensträucher ist es wichtig, dass die ____________ überall durchdringen können.
Ein guter Strauch hat acht bis zehn Triebe.
Das Schneiden der Beerensträucher soll an Herbsttagen mit Temperaturen nicht unter ______ mit einer ____________ oder einer ____________ durchgeführt werden.
Um ____________ zu vermeiden, wird ________ über dem Boden abgeschnitten.
Alle zu ________ stehenden, nach ________ wachsenden, sich ____________, ____________ und ____________ Triebe werden entfernt.
Es wird immer auf ein nach ________ oder in eine ________ zeigendes Auge eingekürzt.

Der Schnitt am jungen Holz

Junges Holz ist zu erkennen an der ____________ Farbe, geringen ____________ und an den ____________ Blütenknospen.
Von ihm werden zwei bis vier kräftige Triebe stehen gelassen. Alle anderen werden kurz über dem Boden weggeschnitten.
Die verbleibenden Triebe werden auf ein ____________ bis ein Drittel gekürzt.

Der Schnitt am mehrjährigen Holz

Mehrjähriges Holz hat eine braune Farbe, ist ____________ verzweigt und besitzt viele ____________. Hier werden alle sich kreuzenden Triebe entfernt.

Der Schnitt am alten Holz

Altes Holz besitzt eine dunkle Farbe, ist ____________ und hat nur eine geringe Anzahl von Blütenknospen. Es kann ganz weggeschnitten werden.

Weiße und Rote Johannisbeeren

tragen vorwiegend am zwei- bis dreijährigen Holz: ⟶ ältere Triebe entfernen.

Schwarze Johannisbeeren

tragen vor allem am einjährigen Holz: ⟶ Triebe einkürzen, um sie zur Bildung von jungen Seitentrieben anzuregen.

Name:	Klasse:

Aufgabe 2: Beschriften Sie die Zeichnungen.

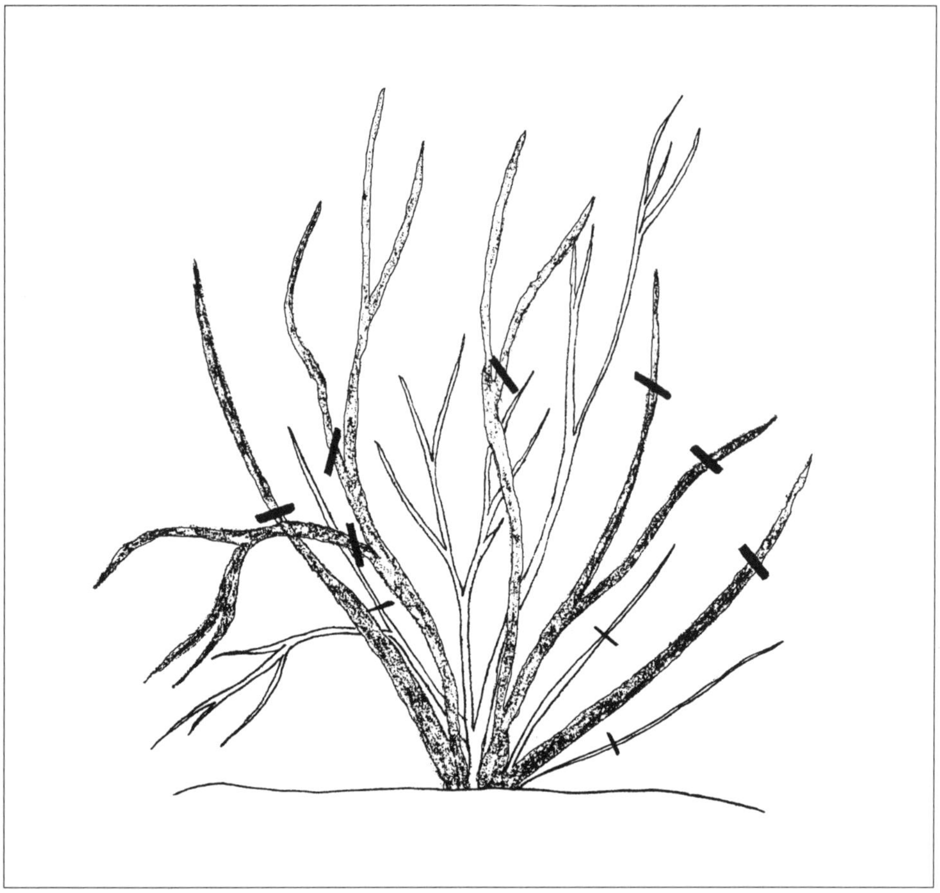

— = ______________________

— = ______________________

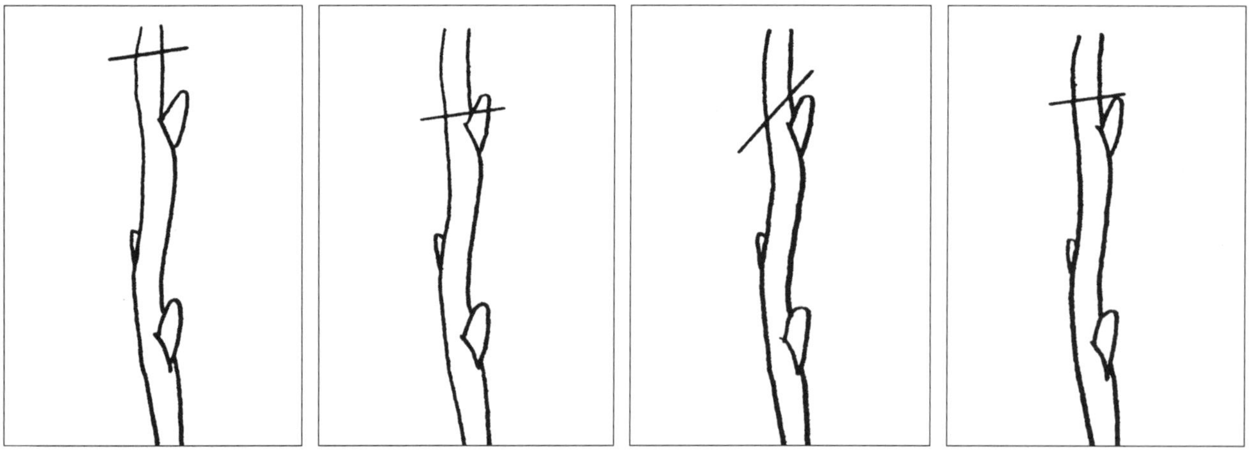

Name:	Klasse:

Herbstarbeiten im Nutzgarten

Aufgabe: Ergänzen Sie den Text.

Obst – Tomatenpflanzen – Mist – Igel – Gartengeräte – Gemüse – Komposthaufen – Erdbeerpflanzen – Beerensträucher – Laub – Gründünger – Obstbäume – Mist – Kräuter

1. __________ und __________________ ernten und einlagern.
   Grobe Gemüseabfälle, z. B. _________________________ zerkleinern und auf den _______________________ werfen.

2. ___________________________ und ________________________ ausschneiden.
   Frostanstrich bei Obstbäumen vornehmen.

3. Zweijährige _______________________________ entfernen.
   Zwischen den Reihen mit _________________ oder __________________ abdecken.
   Beerensträucher, Obstbäume und Erdbeerpflanzen bei Bedarf düngen.

4. Auf freien Beeten _____________________ aussäen oder Beete umgraben, dabei _____________ untergraben.

5. Einjährige ______________________ entfernen. Kräuterstauden z.T. abschneiden.
   Einige Kräutersamen als Vogelfutter stehen lassen.
   Große Kräuterstauden teilen.
   Frostempfindliche Kräuter eintopfen und ins Haus bringen.

6. ________________________, Tomaten- und Bohnenstangen winterfertig machen.

7. Laub- und Reisighaufen als Winterquartier für _______________ liegen lassen.

8. Vogelkästen reinigen.

Name:	Klasse:

Das Ernten von Obst und Gemüse

Aufgabe 1: Nennen Sie Obst und Gemüse, die zum Einwintern geeignet sind.

____

____

Aufgabe 2: Beschreiben Sie die Ernte und Vorbereitung des Gemüses zum Einlegen.

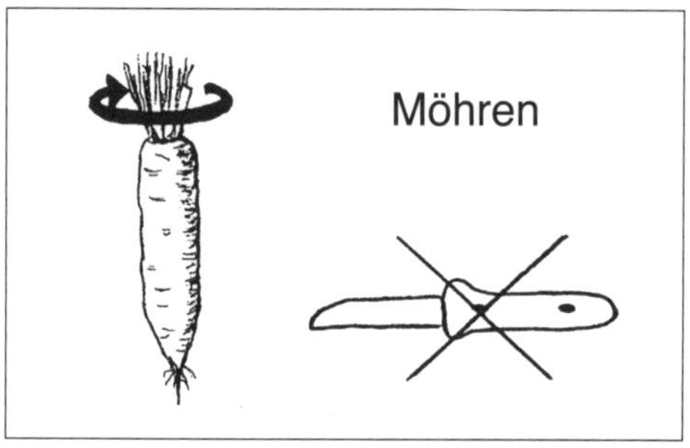

1. ____
____

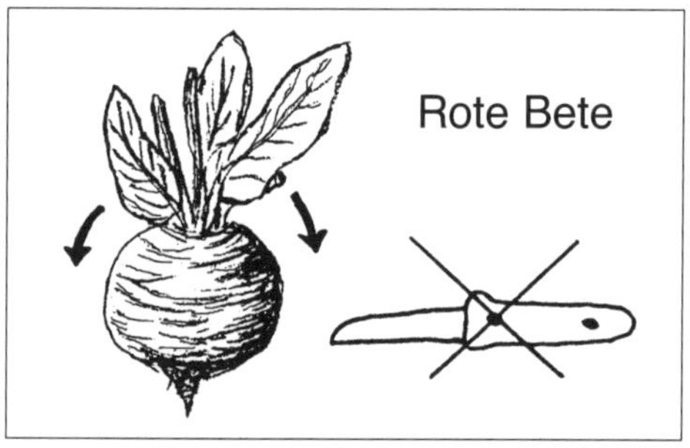

2. ____
____
____

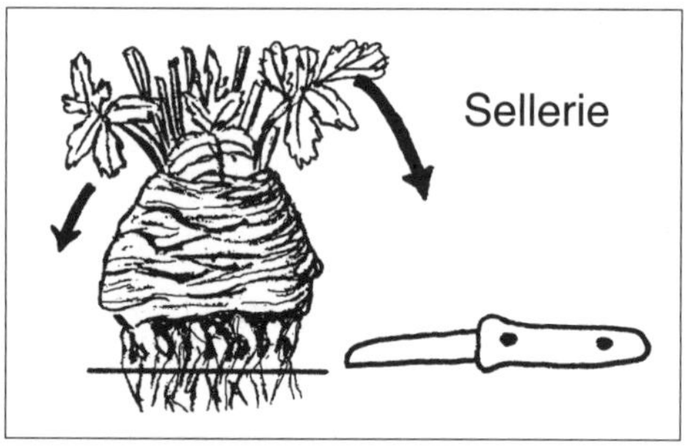

3. ____
____
____
____

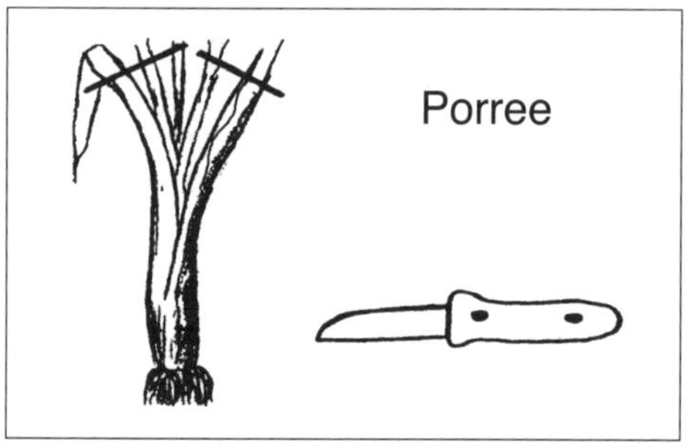

4. ____
____

Aufgabe 3: Geben Sie an, wie das Obst und Gemüse zum Einlagern sein sollte.

Gemüse zum Einwintern sollte ____

____

____

____ sein.

Name:	Klasse:

Das Einlagern von Obst und Gemüse

Aufgabe 1: Beschreiben Sie die Einlagerungsmöglichkeiten im Keller.

1. Einlagern in Sand

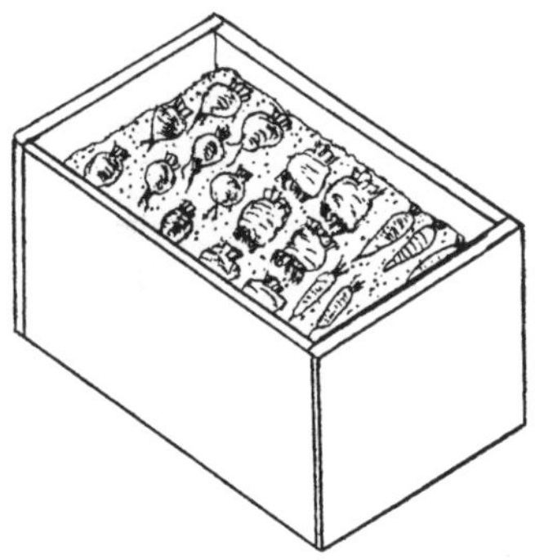

Geeignetes Gemüse:

____

Durchführung:

____

____

(Oberste Schicht sollte Sand sein.)

Pflege:

____

____

Beurteilung:

____

2. Einlagern auf Regalen

Geeignetes Obst und Gemüse:

____

Durchführung:

____

____

Es darf sich nicht berühren.

Pflege:

____

____

Beurteilung:

____

3. Der Zwiebelzopf

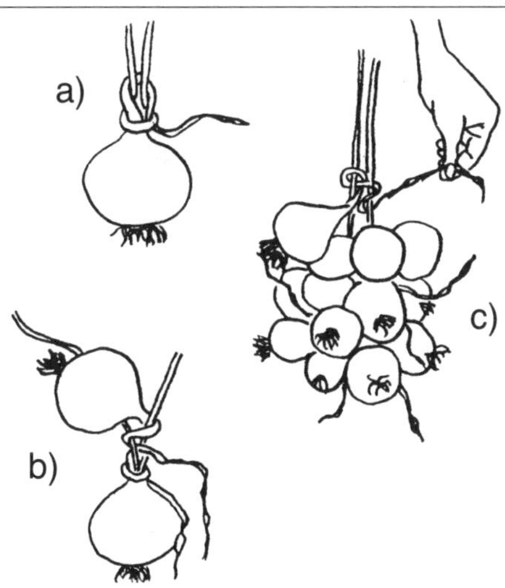

Geeignetes Gemüse:

____

Durchführung:

a) ______________________________

b) ______________________________

c) ______________________________

____

Pflege:

____

Beurteilung:

____

____

Name:	Klasse:

Aufgabe 2: Beschreiben Sie die Einlagerungsmöglichkeiten im Garten.

1. Einschlag

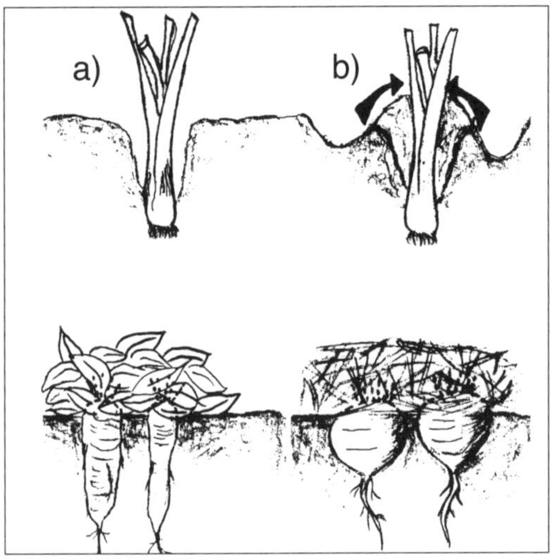

Geeignetes Gemüse:

Durchführung:

Pflege:

Beurteilung:

2. Erdgrube / Erdtonne

Geeignetes Gemüse:

Durchführung:

Pflege:

Beurteilung:

3. Erdmiete

Geeignetes Gemüse:

Durchführung:

Pflege:

Beurteilung:

Name:	Klasse:

Kompost – sinnvolle Abfallverwertung

1. Kompostabfälle

Aufgabe 1: Zählen Sie Abfälle auf, die auf den Kompost kommen.

Küchenabfälle z. B.: ____________________

keine ____________________

Gartenabfälle z. B.: ____________________

Hausabfälle z. B.: ____________________

2. Standort

Aufgabe 2: Beschreiben Sie den Standort des Komposthaufens.

Wo? ____________________

Wie? ____________________

____

3. Pflege

Aufgabe 3: Setzen Sie folgende Begriffe ein:
abdecken – Pappe – Geruchsentwicklung – gießen – umsetzen

Den Komposthaufen bei anhaltender Trockenheit ____________ .
– bei starker Sonneneinstrahlung ____________ , z. B. mit ________ .
– bei länger anhaltendem Regenwetter ____________ , damit keine ____________________ entsteht.

4. Verwendung

Aufgabe 4: Ergänzen Sie den Text und geben Sie Verwendungsbeispiele an.

Der Kompost ist fertig, wenn nur noch ____________ Pflanzenteile ihre Form behalten haben.
Dann wird der Kompost ____________ .

Grobe Bestandteile werden verwendet zum ____________ unter Sträuchern und Bäumen oder zum Impfen des neuen ____________ .

Feine Bestandteile verwendet man als
– ____________ der Gemüsekulturen,
– ____________ in den Pflanzlöchern,
– Bestandteil der Erdmischung bei ____________ ____________ ,
– Bestandteil der Erdmischung beim ____________ ,
– ____________ für Zimmer- und Balkonpflanzen.

Name:	Klasse:

Das Aufsetzen eines Komposthaufens

Aufgabe: Beschreiben Sie das Aufsetzen eines Komposthaufens.

1.

1. ______________________________

____

____

2.
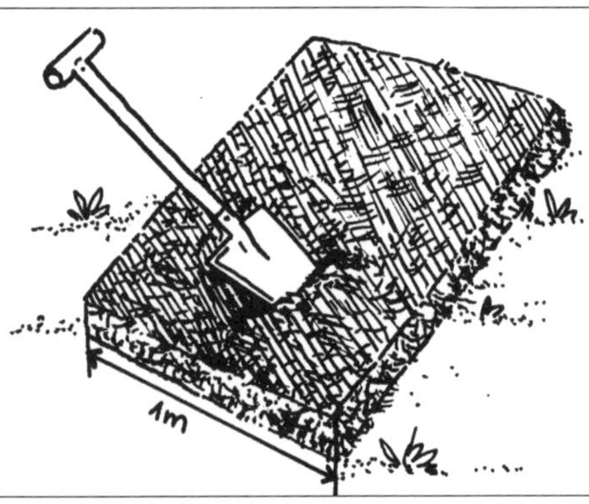

2. ______________________________

____

____

3.

3. ______________________________

____

____

4.

4. ______________________________

____

____

5.

5. ______________________________

____

____

6.
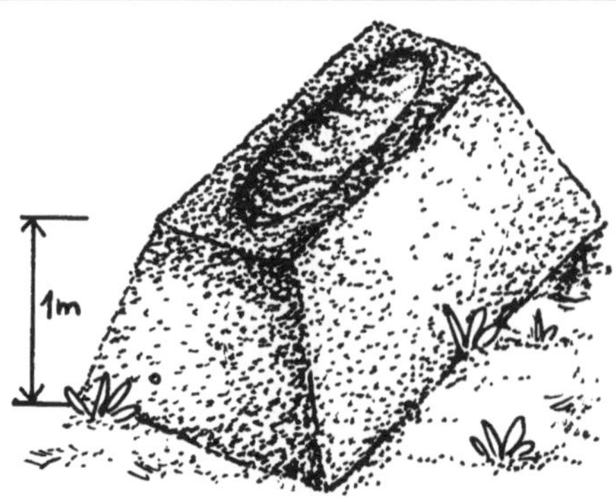

6. ______________________________

____

____

Name:	Klasse:

Mulchen – gut für Boden, Pflanze und Mensch

Aufgabe 1: Ergänzen Sie den Text.

In freier Natur finden wir kaum kahlen Boden.
Die Bodenbedeckung bildet einen natürlichen Schutz vor:

– Austrocknung durch starke 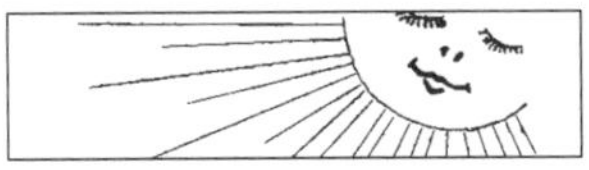 ______________________

– Verschlämmung duch 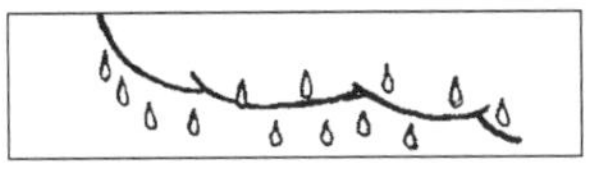 ______________________

– Verhärtung durch 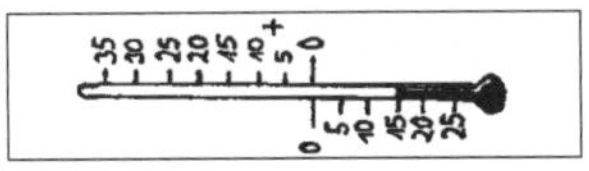 ______________________ (Abtötung der Bodenlebewesen)

– Abtragung durch  ______________________

Der im Garten häufig fehlende Schutz kann durch eine Mulchschicht wieder aufgebaut werden.

Die Mulchschicht hält die ______________ und ______________ des Bodens konstant und fördert die ______________ der Pflanzen und damit deren Abwehrkräfte.

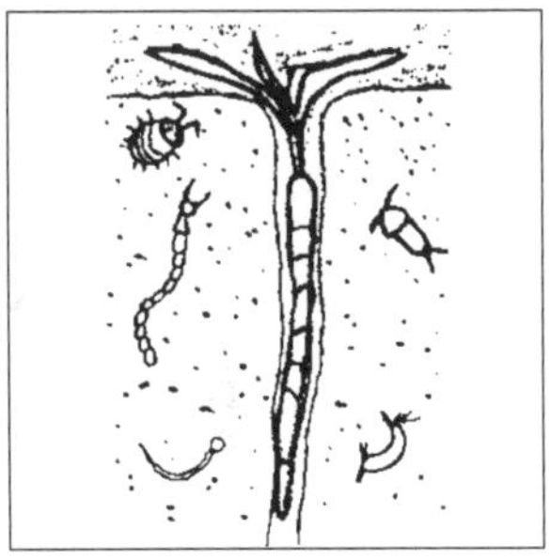

In dem feuchtwarmen Klima unter der Mulchschicht fühlen sich die ______________________ besonders wohl.

Sie finden genügend ______________ an der Oberfläche vor und arbeiten sehr aktiv.
Dadurch werden die Nährstoffe für die Pflanzen aufgespalten, die Bodenstruktur wird ______________,
und die Humusschicht wird verstärkt.

Mulchen erleichtert dem Gärtner die Arbeit.

Er muss
– weniger hacken, weil ______________________________,
– weniger gießen, weil ______________________________,
– weniger düngen, weil ______________________________
______________________________.

Er hat es leichter beim Ernten, die Früchte sind sauberer,
weil ____.

Name:	Klasse:

Aufgabe 2: Nennen Sie Mulchmaterialien.

Aufgabe 3: Ergänzen Sie den Text.

Mulchmaterialien sind zerkleinerte organische Abfälle:

z. B. ____________________ ____________________
____________________ ____________________
____________________ ____________________
____________________ ____________________

Rindenmulch ist wegen seines Säuregehaltes für Gemüsebeete nicht gut geeignet.

Durchführung des Mulchens

Mit dem Mulchen wird im ________________ oder ____________________ begonnen. Aber auch im ______________ kann der Boden durch eine Mulchschicht geschützt werden.

Die Erde wird vor dem Aufbringen der Mulchschicht ____________________, um den Kleinlebewesen den Weg zur Mulchschicht zu erleichtern.

Der Boden sollte gut __________________ sein. Gut ist es, wenn es vorher geregnet hat.

Die __________________ Materialien werden gleichmäßig ca. _________________ dick aufgeschichtet bzw. um die Pflanzen herumgelegt.

____________ sollte etwas ____________ sein, damit es nicht zur Fäulnisbildung kommt.

_________ kann in dickerer Schicht von ca. __________________ ausgelegt werden.

Fällt die Mulchschicht langsam zusammen, wird weiteres _______________ nachgepackt.

Name:	Klasse:

Gründüngung macht müde Böden munter

Zur Gründüngung werden Pflanzen eingesetzt, von denen wir nichts ernten wollen, sondern die ausschließlich der Bodenverbesserung dienen.

Aufgabe 1: Bezeichnen Sie die Gründüngungerpflanzen.

Weitere Gründüngungerpflanzen sind:
Raps, Ölrettich, Ringelblumen, Sonnenblumen, Studentenblumen, Feldsalat, Spinat.

Aufgabe 2: Begründen Sie die Wirkung des Gründüngers.

- Schutz vor Erdabtragung:
- Verhinderung von Nährstoffauswaschung:
- Regulation des Wasserhaushaltes:
- Unterdrückung des Unkrautes:
- Lockerung des Bodens:
- Belüftung des Bodens:
- Verbesserung des Nährstoffgehalts:
- Verstärkung der Humusschicht:
- Unterstützung der Bodenlebewesen:

Name:	Klasse:

Anwendung des Gründüngers

Aufgabe 3: Folgende Begriffe sind an richtiger Stelle in den Text einzusetzen:

Nährstoffe – Frühjahr – Oktober – Frühling – Beerensträuchern – Fruchtwechsels – Schutz – Obstbäume – Jungpflanzen – Gründüngung – Kohl – Bodenbedeckung – eingesät – eingearbeitet – gepflanzt

1. Vorbereitungssaat

Im zeitigen ______________ wird Spinat, Gelbsenf oder Ackerbohne in den Boden gebracht. Sobald die Hauptkultur ________________ oder ________________ wird, wird ein Teil der ________________ entfernt. Die verbleibenden Grünpflanzen bilden einen ______________ für Schädlinge oder ______________________. Erst wenn die Jungpflanzen den Platz benötigen, wird der Gründünger eingearbeitet oder entfernt.

2. Nachsaat

Nach dem Abernten der Beete können bis Mitte ______________ Erbsen, Lupinen, Wicken, Senf oder Feldsalat ausgesät werden. Diese Gründünger dienen als ________________ im Winter. Sie frieren ab und bleiben auf dem Beet. Im _______________ werden sie dann ________________.

3. Untersaat

Der Boden unter ____________________________ und ____________________ kann durch Untersaat von Klee oder Raps ganzjährig geschützt werden.

Durch den Anbau von Senf, Ölrettich und Raps kann die Ausbreitung der Kohlhernie gefördert werden.
Alle drei gehören wie der Kohl zu den Kreuzblütlern und entziehen dem Boden die gleichen ______________________.
Sie dürfen deshalb nicht auf Beete gesät werden, auf denen später _______________ gepflanzt werden soll.
Ringelblumen und Studentenblumen vertreiben Nematoden.
Für Gründüngungspflanzen gilt genau wie für die Gemüsepflanzen die Beachtung eines ___________________________.

Name:	Klasse:

Mischkulturen für gesunden Boden und gesunde Pflanzen

Aufgabe 1: Setzen Sie folgende Begriffe in den Text ein:

Austrocknung – Blätter – Zwiebeln – oberhalb – Ernteerträge – Schädlingen – Verschlämmung – Wurzeln – Möhren – Abtragung

In der nicht vom Menschen beeinflussten Natur bilden Pflanzen immer sinnvolle Gemeinschaften. Durch die Nachahmung der Natur können wir die Vorteile der Pflanzengemeinschaften ausnutzen.

Vorteile der Mischkultur sind:

- gegenseitiger Schutz der Pflanzen vor ____________________ durch Duftstoffe und Wurzelausscheidungen,
- optimale Ausnutzung der Beete = höhere ____________________ auf kleinstem Raum,
- gleichmäßige Ausnutzung des Bodens durch unterschiedlichen ____________________ der Pflanzen,
- Bedeckung des Bodens = Schutz des Bodens vor ____________________ ____________________ (Erosion).

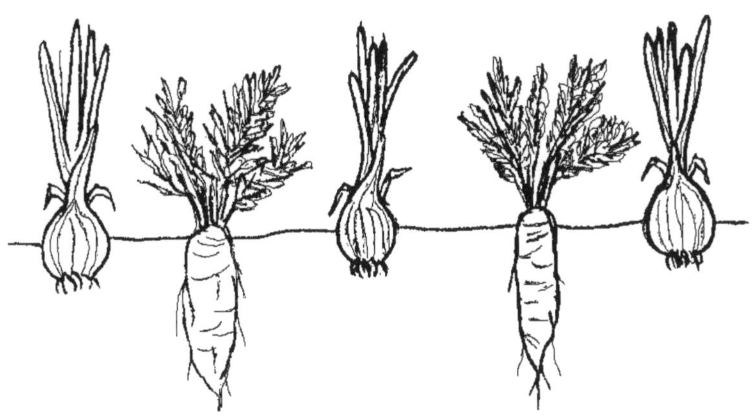

Anforderungen der Mischkultur:

Wir dürfen aber nicht wahllos irgendwelche Pflanzen zu einer Gemeinschaft zwingen. Manche Pflanzen können sich nämlich buchstäblich „nicht riechen".

Die Pflanzen stellen bestimmte Anforderungen an ihre Umwelt. So dürfen sich ________________ und ________________ nicht gegenseitig behindern.

Eine gute Gemeinschaft bilden ________________ und ________________.
Möhren wachsen in den Boden hinein und beschatten mit ihrem Kraut den Boden.
Die Zwiebeln wachsen hauptsächlich ________________ der Erde, ihre Wurzeln brauchen wenig Platz. Durch ihre Ausscheidungen schützt die Zwiebel die Möhre vor der Möhrenfliege.

Verlag Handwerk und Technik G.m.b.H., Lademannbogen 135, 22339 Hamburg; Postfach 63 05 00, 22331 Hamburg – 2009 · E-Mail: info@handwerk-technik.de Internet: www.handwerk-technik.de

Name:	Klasse:

Erprobte Mischkulturen

Aufgabe 2: Setzen Sie die Namen der Gemüsearten und Blumen ein.

____________ und ____________ vertreiben durch ihre Duftausscheidungen gegenseitig Schädlinge.

Der Geruch von ____________ und ____________ vertreibt den Erdfloh von ____________ und ____________.

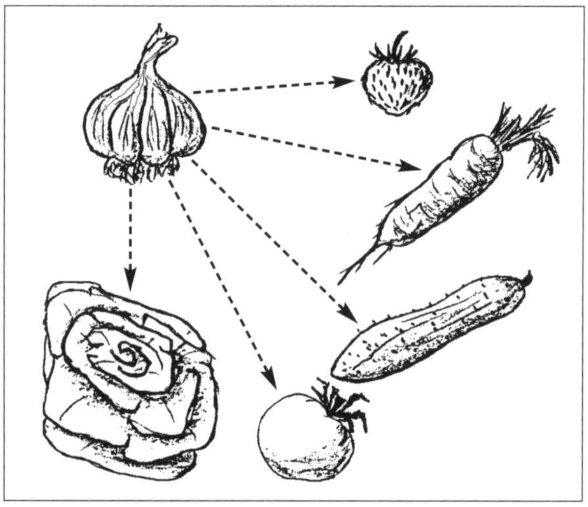

Knoblauch wirkt durch seinen starken Geruch schädlings- und krankheitsabwehrend bei

____

____

____

Außer Erbsen, Bohnen und Kohl mögen alle Gemüsearten seine Nachbarschaft.

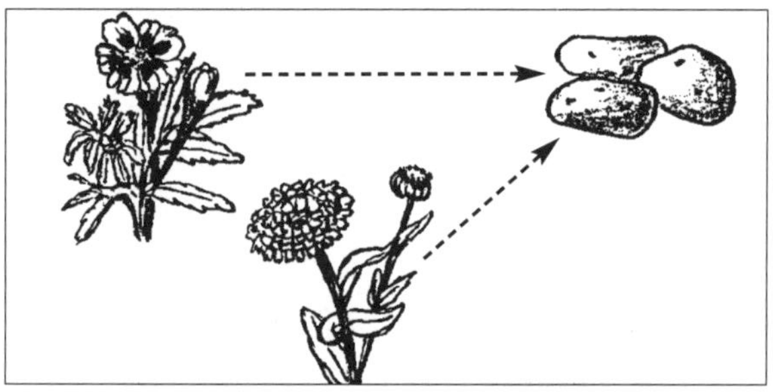

____________ und ____________ vertreiben Kartoffelnematoden.

____________ lockt Bienen an und fördert so die Befruchtung der Gurke. Durch seine behaarten Blätter vertreibt er Schnecken.

Name:	Klasse:

Fruchtwechsel bringt gute Erträge

Aufgabe 1: Der Wechsel von Gemüsekulturen ist notwendig, um folgende Nachteile zu vermeiden:

____

____

____

____

____

Die Gemüsepflanzen entziehen dem Boden unterschiedliche Nährstoffmengen.
Sie werden deshalb in ______________ und ____________________ eingeteilt.

Aufgabe 2: Benennen Sie die Starkzehrer.

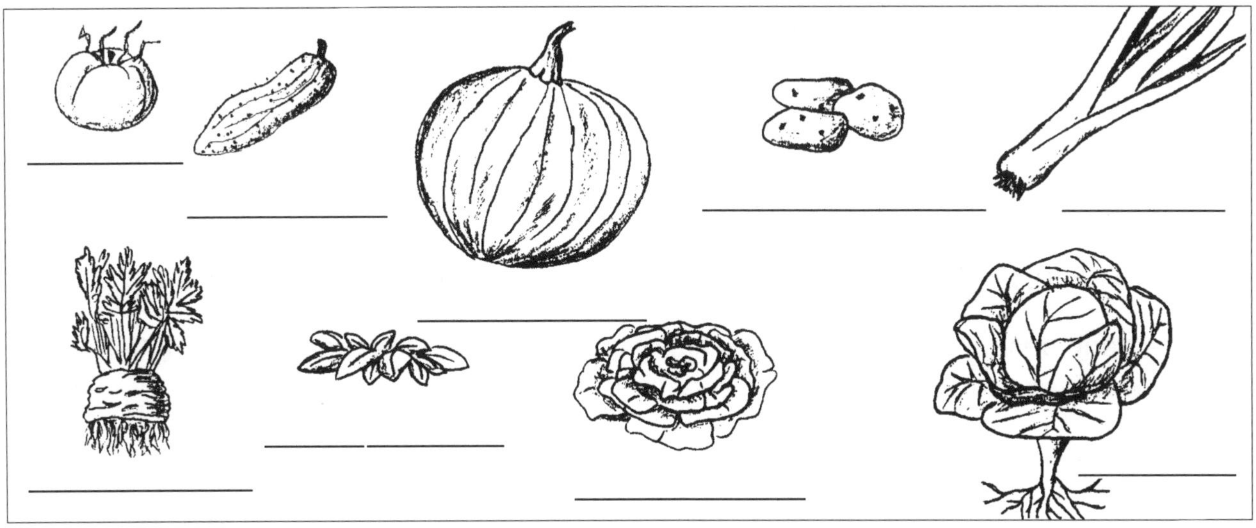

Aufgabe 3: Benennen Sie die Schwachzehrer.

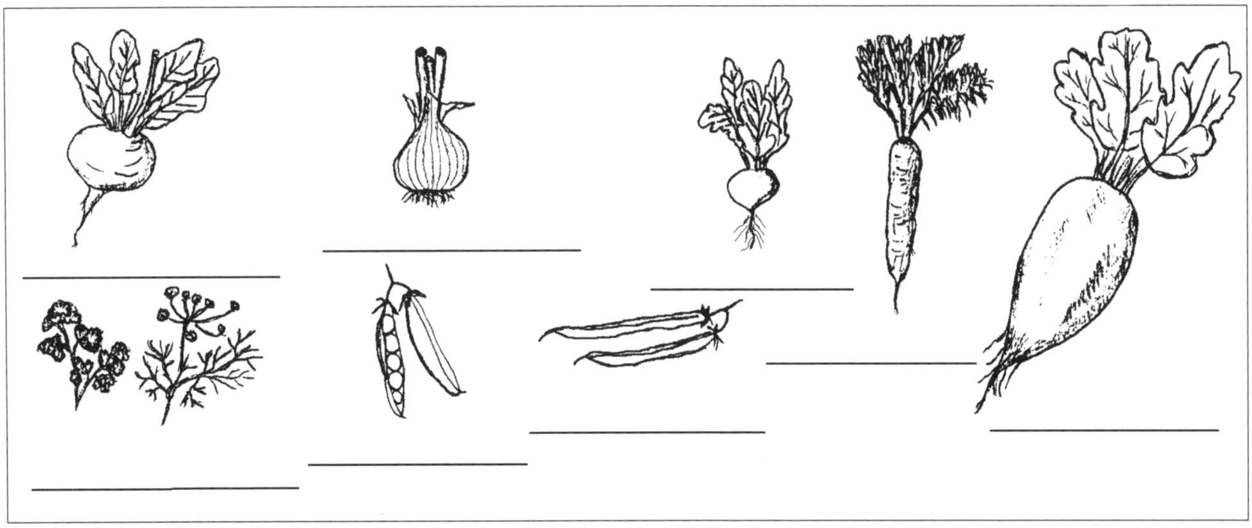

Name:	Klasse:

Aufgabe 4: Tragen Sie den Fruchtwechselplan für das nächste Jahr ein.
Starkzehrer = rot
Schwachzehrer = blau
Dauerkulturen = grün

	Kräuterquartier	______	
Starkzehrer	Porree / Sellerie	______	______
	Gurken / Kohlrabi	______	
	Tomaten / Sellerie	______	
	Salat / Chinakohl	______	
	zweijährige Erdbeeren	______	
Schwachzehrer	Spinat / Rettich	______	______
	Bohnen / Rote Bete	______	
	Möhren / Zwiebeln	______	
	Möhren / Zwiebeln	______	
	Sommerblumen	______	
	einjährige Erdbeeren	______	

Aufgabe 5: Fertigen Sie einen Fruchtwechselplan für die nächsten zwei Jahre an.

Entsprechend dem unterschiedlichen Nährstoffbedarf werden das Starkzehrerquartier und das Schwachzehrerquartier mit verschiedenen Düngern gedüngt.

Aufgabe 6: Machen Sie Vorschläge für die Düngung der Quartiere.

Düngung des Starkzehrerquartiers:

Im Herbst ______ oder
______

Im Sommer ______ oder
______

Düngung des Schwachzehrerquartiers:

______ oder
______

Name:	Klasse:

Die wichtigsten Gartengeräte

Aufgabe 1: Geben Sie die Namen der Gartengeräte an.

Aufgabe 2: Ergänzen Sie den Text.

Arbeit / Gerät	*Einsatz / Zweck*	*Beachtenswert*
Graben:  ____________	____________ Boden lockern und wenden ____________. Pflanzlöcher ____________. ____________ Boden ____________, besonders zwischen ____________ und ____________. ____________ ernten.	Der ____________ soll bis zur unteren Rippe der Arbeitsperson reichen. Das Blatt soll flach gewölbt und fast rechteckig sein. Die Oberkante soll ____________ sein.
Auflockern: 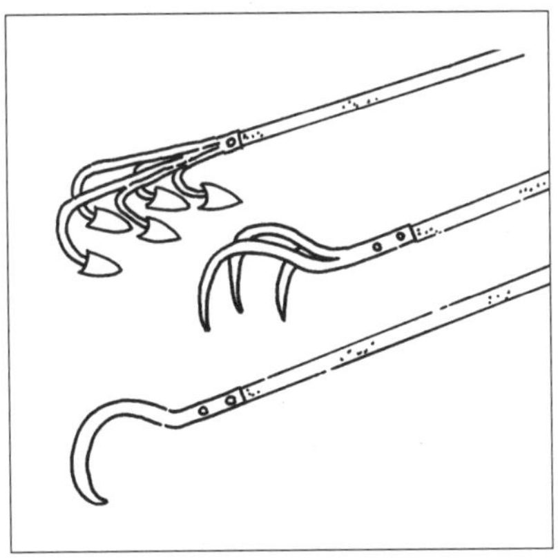 ____________	Boden lockern und durchlüften. Mineraldünger ____________. Wasserverdunstung ____________ ____________.	____________ und ____________ werden gezogen.
Einebnen: 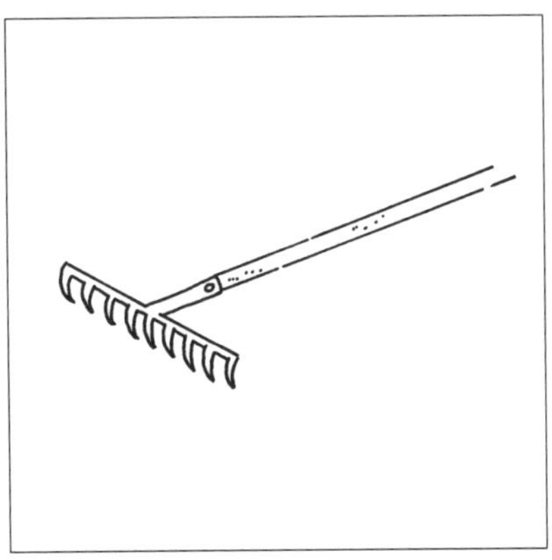 ____________	Glatt ____________ von Flächen. Zusammen ____________ von Laub, Unkraut, ____________. Ein ____________ von Saat.	Die Zinken sollen leicht gebogen sein. Je breiter die ____________, desto wichtiger die Befestigung (Tülle) am Stiel.

Name:	Klasse:

Gerät	*Einsatz / Zweck*	*Beachtenswert*
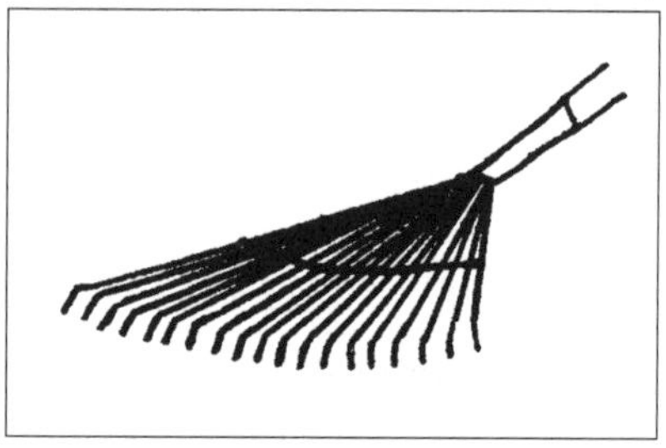 ______	Zusammenkehren von ______ , ______ .	
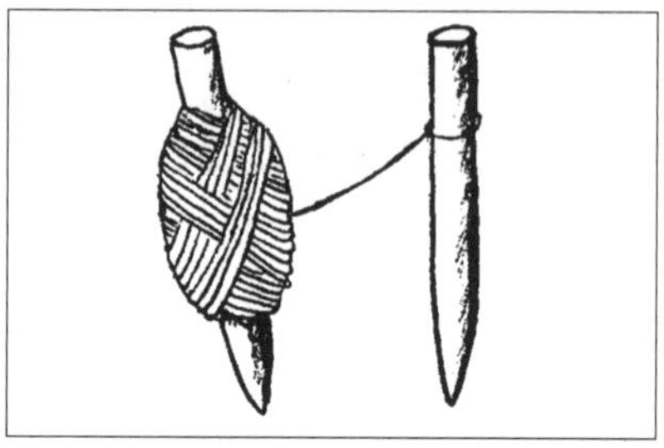 ______	Eingrenzen von ______ , Festlegen von ______ , Ziehen von ______ .	Langer, fester Hanf- oder Kunststofffaden. Die Schnur wird über ______ gewickelt.
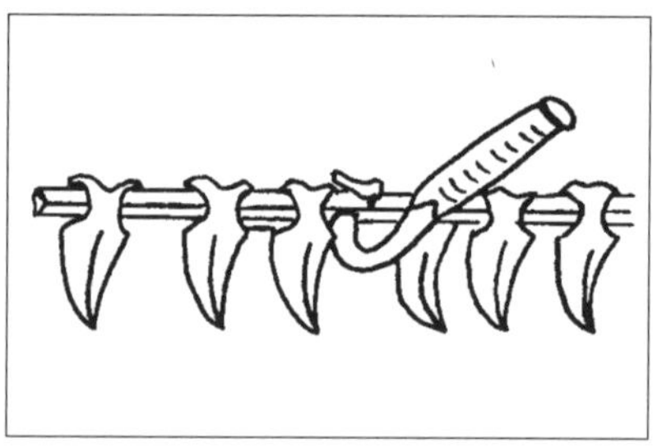 ______	Ziehen der ______ . Markieren der ______ .	Verstellbare Schare. Mehrere Reihen können gleichzeitig gezogen werden.
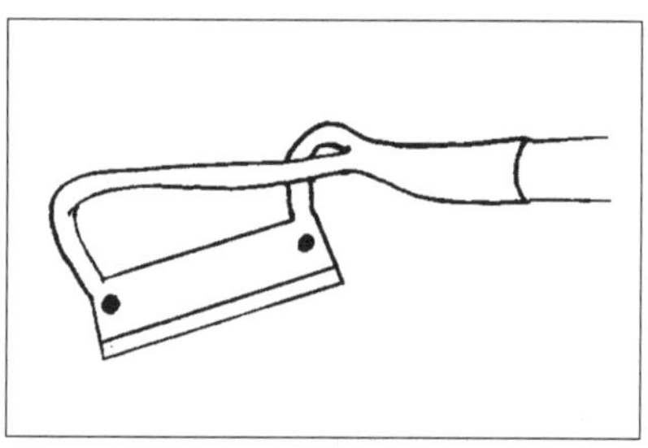 ______	Flaches Lockern des Bodens.	Bei der Handhabung ______ gehen.
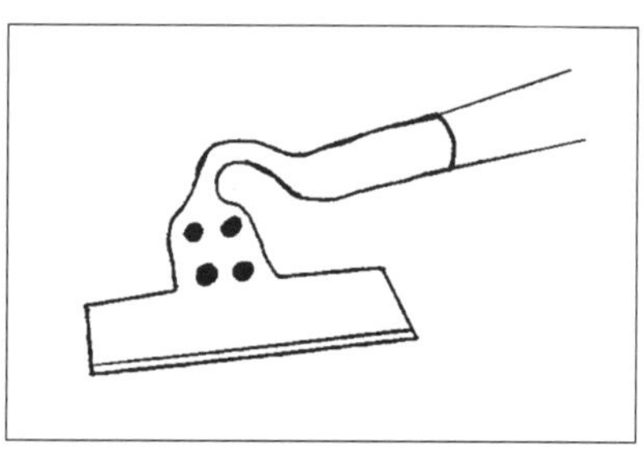 ______	Entfernen des ______ . Durchlüftung des ______ .	Bei der Handhabung ______ gehen.

Name:	Klasse:

Aufgabe 3: Geben Sie die Namen der Gartengeräte an.

Aufgabe 4: Ergänzen Sie den Text.

Gerät	*Einsatz / Zweck*	*Beachtenswert*
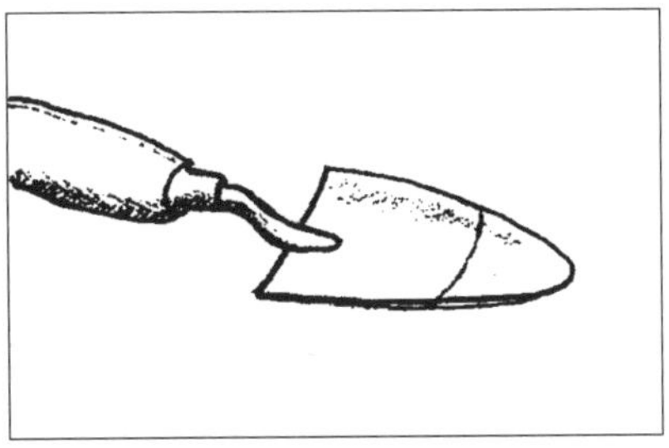 ____________	Pflanzen von ____________, ____________.	Der Griff soll fest sein und nicht leicht ____________.
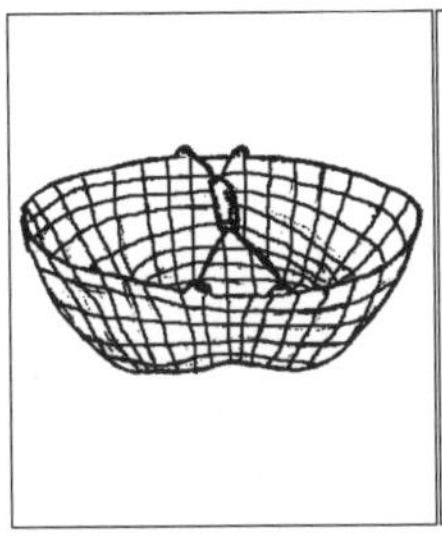 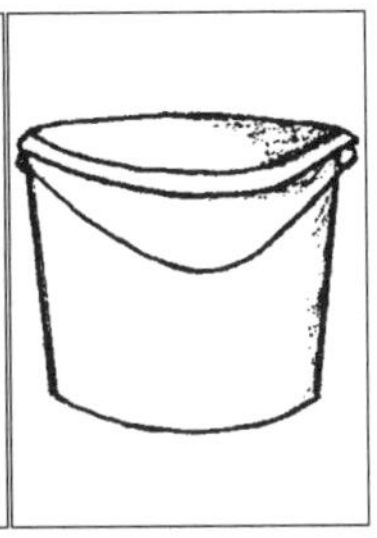 ____________ ____________	Transport kleinerer Mengen über geringe Entfernungen.	Der Henkel soll stabil und gut im ____________ verankert sein.
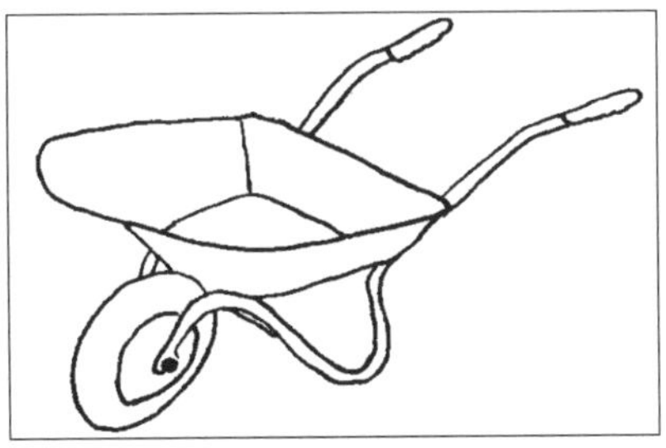 ____________	Transport ____________ Mengen über ____________ Entfernungen.	Das Rad soll den Mittelpunkt bilden.
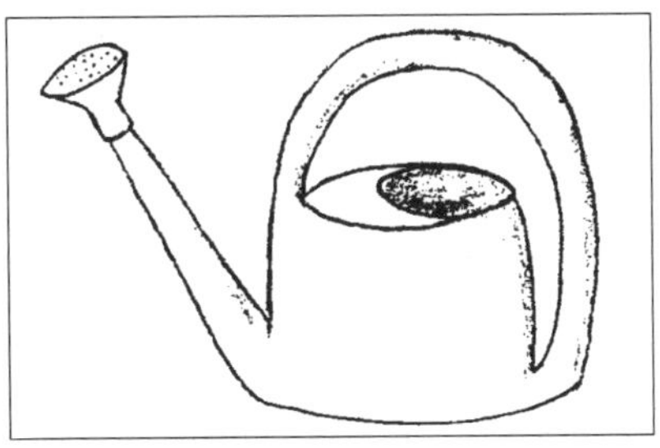 ____________	Angießen von frisch gepflanzten ____________, ____________, Gießen kleiner Flächen. Gießen einzelner Pflanzen.	
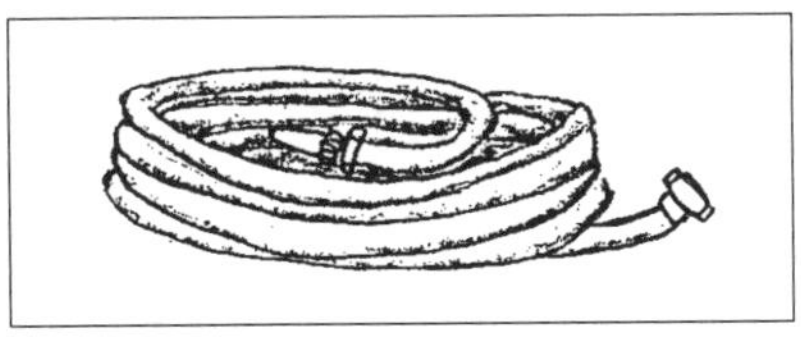 ____________	Wässern größerer ____________ und einzelner ____________.	

Name:	Klasse:

Gerät	*Einsatz / Zweck*	*Beachtenswert*
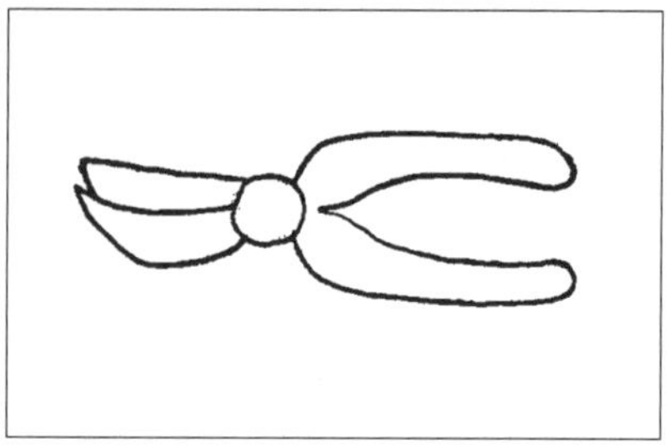 ______	Schneiden von ______, ______, ______.	Eine Verschlusssicherung soll vorhanden sein. Sie soll gut in der Hand liegen.
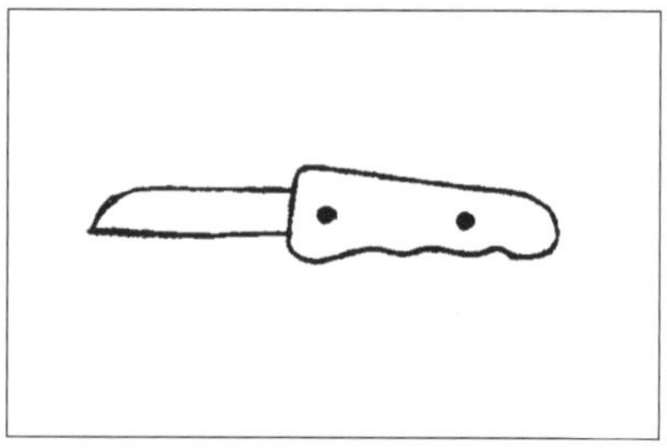 ______	Zerschneiden von größeren Abfällen, z. B. ______, ______. Schneiden von ______ ______.	Der Griff soll farbig leuchtend sein. Es soll scharf sein.

Die Pflege und Aufbewahrung der Gartengeräte

Aufgabe 5: Ergänzen Sie den Text.

Aufgabe 6: Beschriften Sie die Aufbewahrungsmöglichkeiten.

1. Gartengeräte nach dem Gebrauch immer ______.
2. Schadhafte Geräte sofort ______.
3. Geräte vor der Winterpause entrosten und dünn mit ______ einreiben.
4. Geräte grundsätzlich ______ ablegen und aufbewahren.

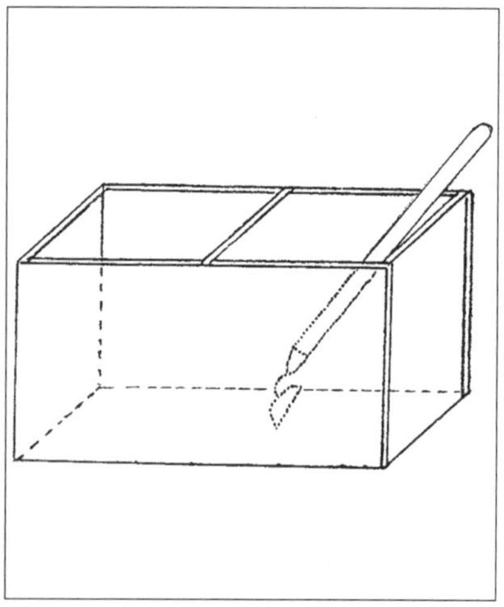

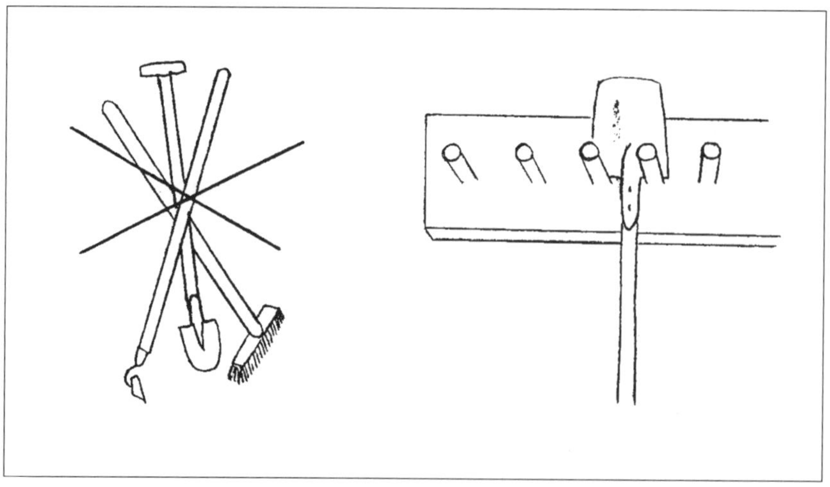

______ ______